学习情境一
认识形象造型设计

第一章

形象造型设计概述

知识目标

1. 了解形象造型设计发展历程。
2. 掌握形象造型设计的作用、构成要素。

能力目标

学生能够熟练根据形象造型设计发展历程来为自己设计合适的形象。

人类对美的追求，是和人类的诞生同步的，随着社会生产和人们生活水平的提高而不断发展。形象造型设计的发展一定程度上反映了各个时期和各个民族的政治、经济、文化的兴衰。对形象设计发展的了解，可以使我们“瞻前”“顾后”，能让我们在进行创作时不断地吸取灵感源泉。

良好的形象不仅可以提升产品价值，还能提升个人价值。从价值角度看，“形象设计”是“塑造良好个人形象”的捷径。形象设计的核心任务就是要“塑造良好形象”。

第一节　形象造型设计的概念与组成

一、形象设计的概念

形象是指人的内外形象与造型的视觉传达，是指个体在社会或群体中所形成的总体印象，即社会或群体对某一个体的外在形象以及内在精神世界综合认识后所形成的总体印象。

形象设计是指设计师以其独特的视角、创造能力对人的自然条件（体型特征、气质倾向）、社会条件（生活方式、社会背景、职业阶层）进行综合分析，并结合环境、风俗习惯和时尚因素，运用身体装饰（服饰形象装扮）、身体表现（言谈举止、语言节奏）、身体塑造（塑身、美容）等技术手段进行重新建构，以打造一个更加理想和更加合理的人物社会性体貌。

二、形象设计的组成

个人形象是一个人在社会上所形成的公众印象，以及社会公众由此对其产生的基本看法。随着社会的现代化发展，良好的个人形象传递出的信息，不仅能缩短人与人之间的距离，还能最大限度地发挥个人的潜能和优势（图1-1）。现代形象造型设计主要包括以下三个方面的设计：外在形象、社交活动形象、精神形象。

图1-1

1. 外在形象

（1）面部妆容。主要包括不同类型皮肤的面部妆容、不同场合的面部妆容、不同年龄层的面部妆容、不同季节的面部妆容、不同性别的面部妆容（图1-2）。

（2）发型。主要包括男士发型、女士发型，长发发型、短发发型，直发发型、卷发发型等。

（3）服饰。由于服装三要素（色彩、款式、面料）存在差别，所以相应地有不同体型的着装、不同肤色的着装、不同职业的着装、不同年龄段的着装、不同性别的着装等。

图1-2

2. 社交活动形象

社交活动形象是指人们在人际交往过程中所具备的基本素质、交际形象等。社交在当今社会人际交往中发挥的作用愈显重要。通过社交活动，人们可以沟通心灵，建立深厚友谊，取得支持与帮助；通过社交，人们可以互通信息、共享资源，对取得事业成功大有裨益。

3. 精神形象

人与社会、人与环境、人与人之间是有着紧密联系的，在社交中，谈吐、举止与外在形象同等重要。良好的外在形象是建立在自身的文化修养基础之上的，具备了一定的文化修养，自身的形象才能更加丰满、完善。人的内在精神形象取决于先天的遗传和后天的塑造，而心理素质完全取决于后天的提高和完善。高尚的品质、健康的心理、充分的自信，这些都属于人的精神形象，再配以服饰装扮，它们一起构成了良好的自我形象。

在形象设计中，如果将体型要素、服饰要素比作硬件的话，那么文化修养及心理素质则是软件。硬件可以借助形象设计师来塑造，而软件则需靠自身的不断学习和修炼。“硬件”和“软件”合二为一，才能达到形象设计的最佳效果。

第二节　形象造型设计发展历程

服饰形象是物质与精神相结合的产物，服饰形象造型随着人类物质和精神需求的不断提升而不断发展。20世纪是形象造型设计发展变化最快且流行周期最短的时期，同时也是人类物质生活增长最快的时期。

我国素有“衣冠上国，礼仪之邦”之称。服饰艺术是我国深厚人文传统的重要组成部分，它经历了数千年甚至更长时间的发展，取得了举世瞩目的成就，并为现代设计提供了丰富的素材。真正意义上的时尚文化可以说是从20世纪20年代开始的，当时的中国服饰形象造型设计受到传统文化和外来文化的影响，出现了中西结合的现象。

一、五四运动前后的服饰形象

鸦片战争以后清政府被迫实行“门户开放”政策，开放港口，而外国为了掠夺商品市场和原料产地及扭转对华贸易的逆差，加紧了对华的商品输出，因而，国际交往开始增多。西方列强开始在我国租界地派遣留学生，西洋文化对我国的影响加大。这一时期，从欧洲传入的布匹、羽纱、呢、绒以及一些洋绸、洋缎、洋布等充斥了国内的市场，促进了人们的着装选择，改变了人们“做一件传三代”的着装观念，从而刺激了人们的购买欲望，推动了人们的生活消费，带动了服装业的发展。

清末，大批青年出国留学，受到西方进步思想的影响，意图突破封建思想的束缚，于是掀起了“剪辫易服”的风潮，男子纷纷剪去长辫，穿起西服。孙中山先生领导的辛亥革命，推翻了统治中国几千年的君主专制制度，为中国的进步打开了闸门。20世纪30年代，外国衣料、西方款式源源不断地传入我国，并带来了先进的工艺，大大丰富了我国的服装品类。尤其是上海，人口集中，工商业和文化事业都比较发达，所以成为当时的妇女时装中心。而此时，我国男子，如大城市的教师、公司洋行和机关办事员等，也普遍开始穿着西装，但多见于青年，老年职员和普通市民心中，长衫马褂作为主要的礼服仍有一定的地位。

孙中山先生提倡的由西式服装改造而成的中山装（图1-3），也对西式服装在中国的发展起了很大的推动作用，不仅革命者穿起了西式服装，一大批年轻人也纷纷改变了自己的服装打扮，西式的连衣裙、制服、套裙等大受欢迎。尤其是五四运动以后，一批知识分子从国外带回的西式服装，使人们认识到短装的许多好处，这对我国传统长装服饰造成了很大的冲击，于是穿制服和西服等短装的人多了起来。

图1-3

二、中华人民共和国成立后各时期的服饰形象

1. 温馨的20世纪50年代

服装的发展往往与政治的变革、经济的发展有很大关系。中华人民共和国成立伊始，朝气蓬勃的刚健形象成了服饰造型的主流，这标志着旧的生活方式的结束，与之相关的一些文化现象也随之消失，服装则首当其冲。

中华人民共和国刚刚成立不久，社会正处于经济发展的起步时期，工人、农民的政治经济地位有了很大提高，全国人民全心地投入经济建设工作中，社会风气趋于淳朴，人们的着装以朴素为美。

1949年年初，北京和平解放，大批的解放军、干部开始进城，进城的干部多穿灰色的中山装，北京的青年学生怀着革命的热情，纷纷效仿穿起这种象征革命的服装。随后，各行各业的人们争相效仿，很多人甚至把长袍、西服改做成中山装或军服。20世纪50年代到60年代初，男装以中山装和中山装发展的体系为主，如人民装、军便装、青年装等；女装则以列宁装、女式两用衫及苏联大花布连衣裙等为主。这些服装除了朴素实用外，还表现了人们的革命热情。这时穿长袍、马褂和西服的人已经很少了，北京形成了一股穿中山装的热潮。除中山装之外，人们又根据中山装和列宁装的特点，综合设计出“人民装”，其款式的特点是：尖角翻领、单排扣和斜插袋，这种款式既有中山装的庄重大方，又有列宁装的简洁单纯，而且老少皆宜。后来出现的青年装、学生装、军便装、女式两用衫等都有中山装的影子。解放区的天是晴朗的天，解放区的健康风尚与服装款式、色调也随着大军南下、西进而传遍全国，旗袍辉煌的地位被干部装取代。社会开始鄙夷挂红穿绿的服饰风尚，旗袍映衬出的悠闲、舒适的女性形象失去了生存的氛围，人们对衣着时尚的追求化为对革命工作的狂热，劳动美、心灵美为社会所认同。

中山装从20世纪50年代开始普及，在款式上也不断变化，如领子从完全扣紧到领口开大，翻领也由小变大。当时毛泽东很喜欢穿这种改进的中山装，因此国外把这种服装叫作“毛式服装”。中山装用什么样的面料都能制作，可以平时穿，也可以作为礼服，无论是外交场合还是国内任何庄重的场合都很合适。中山装作为具有中国特色的服装从20世纪50年代到20世纪70年代一直流行不衰。

当时由于纺织服装工业落后，因此服装品种单一，色彩单调，工装的灰、蓝、绿自然成了当时最流行的色调。服装的式样则千篇一律、季节不分、男女不分，穿工装式背带裤成了当时的时尚形象且广为流行。20世纪50年代，为了展示社会主义建设的欣欣向荣，政府提出“人人穿花衣裳”的口号，“爱劳动、穿花衣”成了形象新口号。

20世纪50年代中期，女式服装发展得特别快，新款式层出不穷。尤其是到了夏天，“布拉吉”（连衣裙）是最受欢迎的。布拉吉是俄语音译，即碎花连衣裙，穿着健康活泼，不显做作，成了中华人民共和国革命和进步的象征。因为这种服装节省材料，穿着舒适，款式变化多样，领和袖变化随意，不受任何限制，因此成了当时最流行的女性服饰之一（图1-4和图1-5）。

此外，女装的流行代表还有俭朴的列宁装以及两用衫、长西裤的搭配。其中列宁装的普及率最高，年龄适应性最广。一开始，列宁装本是男装上衣，在中国却演变为女装，并成为与中山装齐名的“革命时装”。这一男性政治领袖的着装，携带着革命的政治意识，悄悄接近并包裹了女性的身体。它的式样为西装开领，双排扣，双襟中下方均带一个暗斜口袋，腰中束一根布带，各有三粒纽扣。列宁装或多或少带有装饰性元素——双排纽扣和大翻领、腰带的作用是有助于女性身体线条的凸显。

图1-4

图1-5

穿列宁装、留短发是那时年轻女性的时髦打扮，看上去朴素干练、英姿飒爽。中国第一个女拖拉机手梁君、第一个女火车司机田桂英，都曾是列宁装的模特，劳模的示范带动了时代的风尚潮流（图1-6）。

图1-6

中华人民共和国的第一个十年是在改变旧观念、重新确立新的服饰形象的革命热潮中度过的。这一切使得朴素成了基调，苏联成了时尚，工农装成了四亿人的向往，向往中带着纯朴、天真和幼稚，也带着迷茫（图1-7）。

图1-7

2. 富有革命情怀的20世纪60年代

20世纪60年代，中苏关系的全面交恶，使风靡一时的俄罗斯风格的列宁装、布拉吉几乎在一夜之间销声匿迹。这一时期，无论男女，都开始穿着以蓝灰色调为主的款式肥大单一的服装。随着20世纪60年代后期“文革”的兴起，中国服装被淹没在了一片国防绿的军装里，军服成了这一时期的最高时尚。中国真正进入了以蓝、灰、绿色调为主的无彩色服装时代。

（1）军装。有人说：“‘文革’是政治风潮在服饰领域进行了专政。”布拉吉被认为是“修正”，西装被认为是资产阶级，旗袍被认为是封建余孽，稍微花哨点儿的衣服便被打成是“奇装异服”，一切具有前卫色彩的服饰打扮统统被批判，渐渐地，款式一致、色彩单一、不分男女、不分职业的军装开始盛行，拥有一套军装是那个时代无数年轻人的梦想。那个时期，青少年喜欢穿一身草绿色的军装，头戴草绿色的军帽，当然，艰苦朴素的着装风格依然是那时的主流（图1-8和图1-9）。

图1-8

图1-9

“文革”时期，军装是最时髦、最能体现革命情怀的服装，尤其在青年学生中盛行。不只男生穿，女学生也把长辫子剪成短发，梳成两个“小刷子”，戴上军帽，穿上军装，腰扎皮带，足蹬解放鞋，浑身散发着“革命”气息（图1-10）。

图1-10

（2）解放鞋。20世纪60年代初，随着中国橡胶工业的起步，中国人民解放军从穿布鞋转变为穿橡胶“解放鞋”。解放鞋也成为我军的主要鞋饰，一穿就是四十多年。四十多年来，它在部队作战、训练、生产劳动和日常生活中发挥了重要的作用（图1-11）。

图1-11

（3）绒衣。绒衣是当时毛衣还未普及情况下人们替代穿着的衣物，穿着绒衣也是当时青年劳动者的一种较为普遍和时髦的打扮，基本只有一种款式：套头、大翻领，颜色也只有红色和蓝色两种。

进入20世纪60年代，“反右”与“反右倾”之后，伴随着政治上“极左”思潮的愈演愈烈，服饰标准由一般概念上的朴素走向革命意志下的极端，传统民俗饰件——老虎龛拉，被归为封建迷信的行列；女性的妆点物品——脂粉，被指为“资产阶级的香风臭气”。纽扣不要系齐，裤子不要裤线，皱皱巴巴、泥乎乎，撸袖子，挽裤腿，浑身风尘仆仆，两脚沾满牛粪，被认为是无产阶级革命者应该有的形象。这一时期，中国人的革命干劲冲天、建设热情高涨，但是，其中一些左右人们着装意识的指导思想，实际上也钳制了人们的灵魂，扭曲了中国人的形象。中华人民共和国成立后的前两个十年，中国人的服饰品、服饰形象以及着装观念，经历了从如湖水般的平静到充满血与火的磨难。1968—1969年掀起的“全国知识青年上山下乡”运动，可以说是将全民着军便服的服饰文化现象演绎到了极致。

3. 走出灰暗的20世纪70年代

1966年至1976年整整十年的“文革”运动，使得20世纪70年代初期和中期的时尚风同20世纪60年代末期的一样，最流行穿的依旧是草绿色军装。

20世纪70年代初期，不仅流行穿军装，还流行抢军帽、抢军用挎包（图1-12）。军装在那个年代风光无限。当时人民解放军军装有一种特殊标志，只有排级以上的军官上衣才有四个兜，而一般的战士军服只有上面的两个兜，因此，“四个兜”显得尤为珍贵，也是当时人们竞相效仿的穿着形象。当时上海曾抓获一个青少年犯罪团伙，他们就专抢路人的“四个兜”军装和军帽。

对于那个年代的知青来说，青春和热血都奉献给了那片荒芜的土地。物资的匮乏使人们不得不放弃对服装美的追求，款式单一、色调沉闷是那个年代的服饰形象特点（图1-13）。

当时，一种可以被称为“料子”的化纤纺织品“的确良”开始用于衬衫制作。因其比棉布及丝绸更为轻薄，曾一度被写作“的确凉”（图1-14）。

图1-12

图1-13

图1-14

流行时尚其实是人们创造出来的，在历史变革之际，体现时代造型风尚的服饰，尤其会表现出多变的形态。1974年流行穿大尖领子的衣服，1975年流行穿家制的卡其喇叭裤，到了1976年岁末，寒冷的冬天终于过去，服饰的“坚冰”也开始逐步消融，人们的服饰也开始从单调统一向绚丽多彩转变。此时，西方的“奇装异服”悄悄地闯入了国门，“灰、蓝、黑、绿”的时代悄悄过去，人们追求美的意识开始逐渐复苏，深埋于人们心底的爱美之心开始在服饰上得以释放。因为压抑太久，心里早已渴望服饰的改变，因此面对突如其来的“奇装异服”，人们感到了意外的惊喜。思想开放的女孩子开始脱去暗淡的外衣，穿上色彩鲜艳的编织毛衣。这也是她们在用行动呼唤服饰的变革，呼唤服饰春天的到来。

20世纪70年代是中华人民共和国服饰开始出现转折的一个特殊阶段。在1976年粉碎“四人帮”以前，人们的服饰依然遵循着20世纪60年代的革命标准和政治意识，然而人们不情愿承受这种长期的压抑，希望通过一些既有新鲜感又不致招来祸端的服饰上的变化，来满足爱美的天性。

终于，中国共产党十一届三中全会胜利召开，党中央做出了改革开放的历史性决策。当中国国门对世界敞开时，中国人睁大了惊奇的双眼，原来当我们还在批判“封资修”之际，世界现代时装之旅已走过了七十年。这时，首先涌入“古老大地”的便是西方的喇叭裤和蛤蟆式太阳镜，而喇叭裤其实已在世界上流行了十年，正值尾声之际，却为中国服饰注入了新鲜的血液。中国人在服饰上所表现的爱美、求新意识，也经由瞬息万变的时装而逐步显现出来。

4. 欣欣向荣的20世纪80年代

中国服饰发展的春天与中国人时尚观念的复苏开始于中国推行改革开放政策之后。随着中国经济不断对外开放，西方文化迅速涌入中国，向年青一代传递着最新的潮流信息。大家不再只是简单、盲目地追随“流行”，而是开始选择自己喜欢并且适合自己的衣着打扮。

20世纪80年代初，人们受海外电影的影响，开始将裤腿悄悄放开，体现了一种青年人“后文革时代”叛逆的性格。喇叭裤就代表了当时的一种所向披靡的时尚风格，当年喇叭裤在中国街头的出现甚至引起过许多人的反对和抵制。喇叭裤、留长发、戴“蛤蟆镜”的男青年形象几乎成了不正经、不三不四、流里流气的代号。虽然喇叭裤作为一种“服装怪象”出现，但是它却打破了之前中国服装的“统一制”，让喇叭裤的追捧者们能在人群里突显出来，这就必然会得到喜欢自我表现的年轻人的喜爱。

改革开放进入21世纪，人们从简单的跟随潮流到引领潮流，从盲目崇拜名牌到DIY个性服装，无不体现出时代的更替和进步。21世纪是张扬个性的时代，是多元化自我意识觉醒的时代，更是“只要我喜欢，没有什么不可以”的自由时代。

第三节 形象造型设计的作用和构成要素

“人靠衣装，佛靠金装”，一个人的穿着打扮，决定着这个人的气质和给人的第一印象，甚至决定着这个人的成败。随着社会的发展、人类文明的进步，个人形象设计已经成为人们生活中不可或缺的组成部分。人的形象设计应是为现实的工作、生活和未来自身长远的发展服务的，而那些为了拍摄艺术照片甚至是为了饰演影视角色而塑造的艺术形象都不是为了人的社会需要而设计出的形象。因此，人的形象设计的内容包括外在形式，如服饰、化妆等，也包括内在性格的外在表现，如气质、举止、言谈、生活习惯等。从这一高度出发的形象设计，也绝非化妆师或服装设计师的能力所能完成的。

形象设计是通过对主体原有的不完善形象进行改造或重新构建，以达到有利于主体的目的的设计活动。虽然这种改造或重建工作可以在较短的时间内完成，但是客观环境对主体的新形象完全认可则要经历一个较长的过程，并非一朝一夕之事。

一、形象造型设计的作用

（1）完美的形象设计可以提升个人形象。每个人自身的形象特征各有不同，有自然、古典、戏剧、前卫、优雅、浪漫之分。形象是人的精神面貌、性格特征等的具体表现，并以此引起他人的思想或感情活动。每个人都是通过自己的形象让他人认识自己的，而他人也会通过这种形象对其做出认可或不认可的判断。这种形象不仅包括人的外貌与装扮，还包括言谈、举止、表情、姿势等能够反映人的内在本质的内容（图1-15）。

一个人如果想让自己在他人眼里看起来是美的，只有一个方法，那就是要科学而理性地找到使自己美丽的规律，并依据这个规律对自己进行形象设计，装扮自己，让自己的形象给人以舒服、美丽的感觉。人们通常是通过一个人的穿着打扮来猜测这个人内在的无法用表象直接表现的东西，进而判断这个人的价值的。一个人平时的一言一行、举手投足，都会折射出他的素质修养，都将影响到别人对他的看法。每个人都希望给他人留下亲切善良、聪慧正直、知识渊博等良好的印象，所以都必须对自己的形象进行完善，并通过自己的一言一行体现出来，争取把自己的魅力表现得淋漓尽致。

图1-15

（2）良好的形象是打造完美事业的无形资产。良好的形象非常有利于社交的成功。人们的印象形成过程始于感情刺激，即首先通过感觉观察对方。社会交往中的人，总是以一定的仪表、装束、言谈、举止进行某种行为而出现的，这是影响人们第一印象的主要因素。整洁大方的衣着、得体的举止、高雅的气质、良好的精神面貌和真诚动人的谈吐，必定会给人留下深刻美好的印象，从而有利于建立起友谊和信任的关系，达到社交目的。在这里，形象不仅起着润滑和媒介的作用，而且起着黏合和催化作用，它对表达感情、增进了解、相互吸引等都是起促进作用的。在当今市场经济竞争十分激烈的情况下，塑造完美的职业形象，不仅能彰显个人的专业实力，也能提升组织的整体形象。形象设计不仅仅是单纯地追求外在的美，更是为了辅助事业的发展，向他人展示自己的力量和成功的潜力。成功的服饰形象造型在职场中最大的作用就是帮助人们树立自信。自信的缺乏是由于人们对自己的能力或外表不满意。对于这些缺乏自信的人，良好的服饰形象造型可积极地调整他们的心态，增加他们的成就感和归属感。

所以，形象在社交生活和个人事业中都起着重要的作用。形象是一个人在社会生活中的广告和名片，每个渴望成功的人，都应该善于利用自己的形象资本，树立形象意识，从一点一滴做起，逐步塑造自身的好形象，并充分运用形象这个“武器”去开拓和创造自己的辉煌事业和完美人生。

二、形象造型设计的构成要素

在形象造型设计过程中，需要最大限度地扬长避短，并且需要反复实践。为了塑造具有个性气质的自我，势必需要改善自己原有的服装、化妆、发型、体型修饰等方面的视觉形象，并且需要提炼内在形象，如礼仪、言谈方式、表情、姿态等。

形象造型设计的构成要素主要包括服饰搭配形象、配饰搭配形象、形体形象、创意策划形象四个方面（图1-16）。

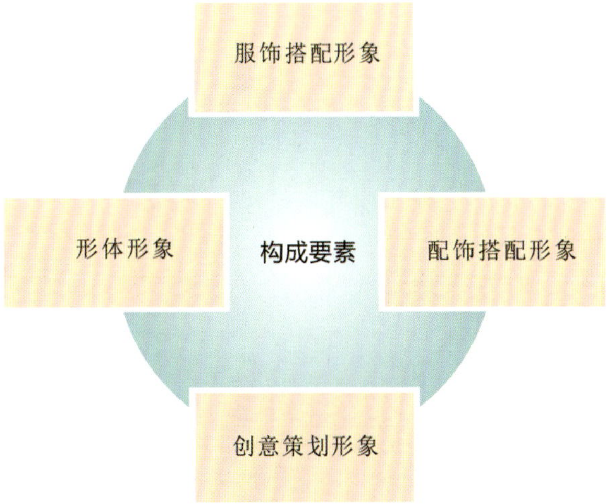

图1-16

能力训练

请以服装设计师的身份论述形象造型构成的要素。

服饰搭配形象是形象设计中的桥梁，包括服装廓型、色彩、版型及流行趋势等要素，使服装具有立体感和视觉美感，使人物整体形象更加动人和饱满。形体形象要素包括人体形体姿势、动作、手势及坐姿等。配饰搭配形象和创意策划形象指运用造型技巧和手法，利用饰品的搭配、化妆、发型等直接作用到人体某部位，在此基础上加以优雅的形体语言和礼仪方式，使整体形象设计达到完美。

形象设计不仅与外貌有关，它需要通过对内心和外貌的双重管理，才能使形象魅力指数达到最高值。

第二章

形象造型设计步骤

知识目标

1. 掌握形象造型设计自我诊断的步骤。
2. 掌握形象造型设计管理及定位的过程。

能力目标

学生能够熟练为对方进行形象造型诊断、分析和设计。

第一节　形象造型设计自我诊断

在形象设计过程中，具有实际意义的最重要的步骤是营造出“适合自己”的形象特点，但是，这并不意味着人们需要刻意塑造自我，而是要准确地表现出自我的特征。形象造型设计的第一步是客观全面地分析自我现状，了解他人眼中的自己以及自己希望未来展现给他人的形象（图2-1）。

图2-1

圣罗兰创始人伊夫·圣·洛朗先生曾说：“优雅从十七岁开始。”女人的气质和品位是需要花费一生来领悟和练就的。漂亮的时装若不能与自己浑然一体，美丽便很空洞。对自我形象的诊断，一般需要通过下面三个步骤：

一、全面地了解自己

了解自己的内在心理特征以及五官、脸型、体型等外在的优缺点。如果一个人不能充分地了解自己，不知道什么样的东西适合自己，就很难恰到好处地展现自己最美丽的一面。应通过对自己的肤色特征、相貌、体型、内在气质等进行科学的对比、测量和分析提出形象提升建议。

一般需要做好如下三点：

（1）个人人格气质测量。一个人的气质是稳定的，有固定的思维习惯、思维方式和行为风格，它贯穿人的整个心理、行为活动，是人的独特性的整体写照，因此一定要了解真实的自我。

（2）个人色彩、风格诊断。找出最适合自己的装扮规律，一般可以从如下方面诊断：服装用色、款式、质地、图案以及鞋帽款式、饰品风格、眼镜形状与材质、脸型与发型分析等。

（3）个人体型分析。通过测量自己的身体比例，发现自己身体各部位的优缺点，从而选择合适的衣服款式来凸显身材的优势，打造完美的个人形象。

二、改变观念

许多人都喜欢先为自己定下一个框架或预设立场，未表现先自我否定，如“我穿某个颜色太显眼”“我一直是某个类型”等，这无形之中限制了对自我形象的定位。其实换一种思想、换一个角度，放下自我主观意识，不要让“否定式”的心理暗示影响自己，真正了解自己，接受真实的自己，更好地展现自己，就会塑造出完美的自我形象（图2-2）。

图2-2

三、逐步实践，展现魅力

以轻松的态度尝试为自己转换不同的造型，可先从一两件衬衣、裙子开始，通过不断验证，积累经验，树立信心，很快就会发现一个完全不同的自己，平淡的生活也会因此而变得多姿多彩。

爱美之心人皆有之，这种追求美的心情与权利，不能也不应该受限于人的年龄、职业或者性别，因为它是每个人发自内心的、潜意识里的一种渴望和对自己的一种持续不断的关爱。人总希望展现自我最美好的一面，并且有时为此煞费苦心。然而，上天给予每一个人不同的面容和身材，似乎人们在一出生，就有了美丑之分，而其中的“丑”也被所有的人视为在追求美的过程中的一大障碍，人们往往把自己的不完美归罪于上天的不公平。但是，美不绝对是天生的，也有可能是后天塑造的。上帝对每一个人都是公平的，它赐予每个人缺陷的同时，一定会给予这个人另一种优点，也许这个人没有骄人的容貌，但有高挑的身材；没有清秀的五官，但有细腻的肌肤等。人只有在实践中发现自身的优点，并将它最大限度地展现出来，才能塑造更完美的自己（图2-3）。

图2-3

例如，人们都很熟悉的香港某金牌主持人，她拥有大多数女性都无法接受的身材，但她并没有因此而悲观绝望、自叹自怜，而是乐观豁达地面对现实，把自己活泼可爱的一面淋漓尽致地展现出来。她以洋娃娃式的小卷发发型，公主裙，饰有蝴蝶结、小花朵等颜色明快的少女风格的背心裙，蝴蝶型的眼镜等穿着风格，着力挖掘、打造自己的魅力和品位，形成自己的特色。因此，她活泼可爱的形象定位受到广大电视观众的喜爱。又如著名艺人吴倩莲、林忆莲，在美女如云的演艺圈中，以小眼著称的她们反而被誉为最有魅力的女演员、女歌手。她们没有像很多女星那样，通过整容改变自己眼睛的大小，而是每次在妆面中更加突出修饰自己的眼部，以此凸显她们那小眼睛独有的含蓄和蒙眬之美。

以上示例都说明，每个人都有属于自己的独一无二的优点和气质，重要的是能不能将它们充分挖掘并展现出来。心理学研究发现，与一个人初次会面，在45秒内就能产生第一印象。第一印象又被称为"首因效应"，是指最先的印象会对他人的社会知觉产生较强的影响。在生活节奏飞快的现代社会，很少有人愿意花更多的时间去了解一个留给他第一印象不美好的人。尽管有时第一印象并不完全准确，但它总会在一个人做决策时，影响这个人的情感，起主导作用。只有留给人好的第一印象，才能走好接下来的每一步。

其实，成功的形象设计也包含成功的人生设计，它不仅会应用到时尚、色彩、礼仪等知识，更重要的是它还包含成功学理论、社会心理学、哲学、人际沟通等知识。

因此，要改变自己的外在形象，首先，一定要了解自己的气质，明白什么样的装束适合自己，不要刻意追赶时髦。其次，可以买一些时尚杂志和书籍，参照里面的着装打扮自己。最后，建议每天早晨对自己说一句："今天的我是最美的。"如此会使自己充满信心，提高个人形象美。

第二节　形象造型设计管理与定位

一、形象造型设计管理

形象造型设计管理就是通过对个人形象进行有效的计划、组织及控制达到既定目标的工作过程（图2-4）。形象造型设计包含所有对个人外观形象的注意、决策与行动过程。

在对自我形象进行诊断后，人们就需要最大限度地扬长避短，对自我形象进行改善。为了塑造精明干练的自我形象，人们不仅要改善自己的服装色彩、体型、化妆等外在视觉形象，还要改善言谈举止、表情、姿势等内在个人习惯。

图2-4

通过服饰装扮塑造出综合的视觉形象，在此基础上再加入身体语言、礼仪等训练以形成自己独特的风格，长此以往，将塑造的形象保持下去，就是对个人形象进行的一种持续的战略规划和管理。

二、形象造型设计定位

1. 个人形象造型定位

形象造型设计实施首先要进行准确的形象定位，建立形象定位体系，围绕形象定位全面地展开设计。

形象造型是个人面向社会全方位运用服饰语言表达自我而形成的一个综合印象，它是个人与环境之间关于个人本身信息传达与交流的结果。形象造型设计体现的是个人外观整体服饰视觉信息，既包括个人的外在信息，如身高、头发的长短或皮肤的颜色以及性别等，也包括个人的内在信息，如气质、审美倾向、性格等，还包括个人的社会信息，如职业以及个人所在的社会中与之相关的信息等（图2-5和图2-6）。

图2-5

图2-6

2. 形象造型定位体系的建构

形象造型设计是一项综合设计。个人身体条件、心理特点、社会生活环境等多方面因素构成人的立体形象，它们彼此间相互影响、相互制约。不同的人会展现出不同的形象，只有切合人的身体条件，才能达到修饰身体的目的；只有符合个人社会生活形象规范，才能展示个人特有的社会经济地位及生活方式；只有满足个人的心理形象期望，才能在设计成果上得到认同。形象造型设计强调一致性的设计原则，即全方位的展示，多视角、多层面的统一，主要包括两个方面：

（1）形象造型设计的整体和谐统一。个人形象的一致性表现在，个人形象既要合理地展示自我，又要适应社会环境，达到个人装扮整体视觉印象的和谐。对于形象设计师来说，在设计活动展开之前，必须充分考虑个人与社会环境的和谐。尤其要考虑到，人毕竟是社会中的人，任何凭空超越自我的臆想都是不现实的。个性化的设计可以成为一种风格，但不是个人形象设计的主要目的，不能做到整体真正的和谐统一。

（2）形象设计方案与最终目标的一致性。为了达成设计的最终目的，设计需要分成很多环节与阶段，每一个阶段设计的完成都要与最终的目的达成一致。阶段设计包括个人服饰装扮设计、妆容设计、发型设计等，也包括形体姿态的训练等。形象造型设计最终是为实现人生活中的目标服务的。这个目标可以是约会、聚会、面试、演讲等短期目标，也可以是长期目标。形象设计如果脱离了现实生活就不能取得良好的实际效果（图2-7）。

图2-7

人的形象造型设计其实就是形象设计的内化过程，为人的工作和生活服务，贯穿人的生活和工作的每一个环节，并伴随人的一生。形象设计是通过对原有的不完善的形象进行改造或重新构建，来达到有利于个体的目的。虽说这种设计可以在较短时间内完成，但个人对新形象的认可、接纳和对形象设计方案的执行以及他人对新形象的认可则是一个较长的过程。在形象造型设计中，必须面对的就是改变，而且要将这种改变渐渐转化为个人自然的行为，才能最终达到改变个人形象的目的。由于人们在自我领域深受所用处理问题的方法和知识的影响，自然地喜欢以自我表达方式展现自己，在设计刚完成阶段，可能会觉得自己是在模仿一个对象，或是在表演一个角色。随着对设计的形象越来越熟悉，越来越认可，由开始阶段的被动接受向主动自我认识、自我激励、自我发展转变。形象造型设计是要个人用社会认可的方式表现自己的行动、举止，直至这些方式变成个人自然的生活行为，这样才算真正的成功。

形象造型设计不只与外貌有关系，还要依赖于个人内在素质的提高。形象造型设计可以理解为把自身的本质和个性正确地传递给他人。因此，形象造型设计需要通过对自我内心和外貌的管理，向他人传递富有独特魅力的个人良好形象。

能力训练

深入了解自己，分析诊断自我形象，根据所学知识对自我形象进行定位。

学习情境二
形象造型设计构成

第三章

面部形象设计

知识目标

1. 了解皮肤的基本结构。
2. 掌握不同皮肤类型应采取的不同的护理方法。
3. 掌握化妆品和化妆工具的使用方法，并学会简单识别和正确购买化妆品。
4. 掌握几种日常妆面的操作和运用，并能正确搭配面部彩妆色彩。

能力目标

1. 学生能够熟练根据不同的皮肤特点进行皮肤护理。
2. 学生能熟练运用基本化妆技巧，达到既能为自己化妆，也能为别人化妆的目的。

第一节　皮肤护理

化妆是一种历史悠久的美容技术。古代人们常在面部和身上涂上各种颜色和油彩，表示是神的化身，以此驱魔逐邪，并显示自己的地位和存在。如古代埃及人在眼睛周围涂上墨色，以使眼睛能避免直射日光的伤害；在身体上涂上香油，以保护皮肤免受日光和昆虫的侵扰等。如今，化妆则成为满足女性追求自身美的一种手段，其主要目的是利用化妆品并运用人工技巧来增加天然美。人们都希望自己的皮肤能永远保持青春，然而一旦皱纹滋生，皮肤松弛下垂、色素异常、残缺畸形，不仅有碍仪表，生活也会因此受影响。人们理想的皮肤应该是柔嫩、滋润并富有弹性的，而且皮肤色泽均衡、光彩靓丽，即便五官长相平平，但只要拥有这样的皮肤，也会吸引人们众多的目光（图3-1和图3-2）。

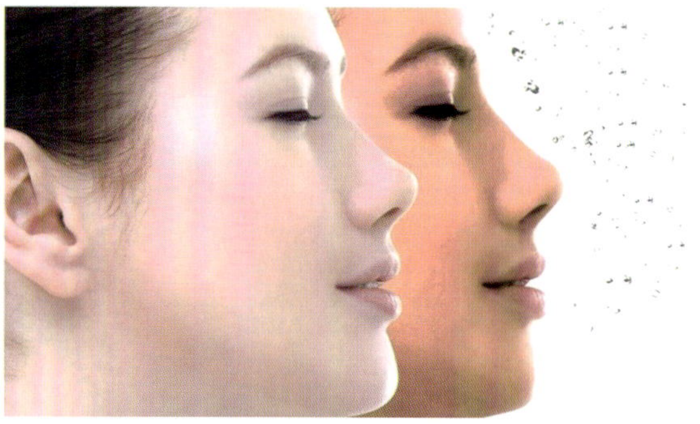

图3-1

图3-2

一、皮肤的结构

皮肤包裹在人的整个身体表面之上，是人体的重要器官之一。它由70%的水、25%的蛋白质、2%的脂肪、0.5%的碳水化合物以及2.5%的其他物质构成。遭遇外部刺激时，皮肤可以保护人体内的所有器官，并产生痛觉。同时，通过调节汗腺和皮脂腺的分泌，皮肤可以使人体保持恒定的温度。皮肤具有掌控呼吸、抗体等功能，大致可分为厚、薄两类。最薄的皮肤部位为眼皮和耳膜，最厚的皮肤部位则为手掌和脚掌。

皮肤从外到内依次为表皮、真皮和皮下组织。表皮的厚度为0.07~2 mm，真皮的厚度为0.3~3 mm，皮下组织的厚度由皮下脂肪的含量决定。因为人体各部位、年龄、种族、营养状态的不同，皮肤各层的厚度也略有差异。皮肤的附属器官还包括指甲、毛发、汗腺、皮脂腺等。

二、皮肤的类型

要想拥有健康而美丽的皮肤，人们必须清楚自己皮肤的所属类型。如果在不了解自己皮肤类型的情况下进行皮肤护理，可能会引起皮肤问题。根据皮脂腺分泌量的不同，皮肤大体可分为中性、干性、油性、混合性四种类型。决定皮肤类型的关键因素包括遗传、肤色、毛发状态、毛孔、皮脂腺分泌量、季节、气候、精神压力和生育状况等（图3-3）。

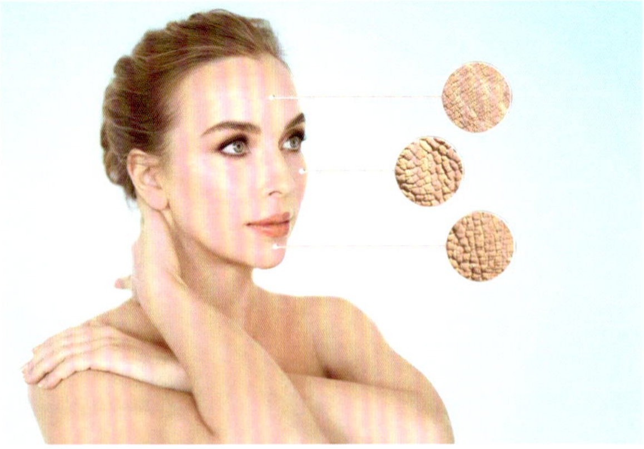

图3-3

1. 中性皮肤

中性皮肤是人体最理想的皮肤类型。它是指皮肤组织和生理机能都处在正常的活动状态，所含的油和水适中，而沉淀于表皮的色素和瑕疵均不明显。由于肤色肌理洁净，皮肤表面光滑，油和水含量适中，皮肤整体显得湿润、有光泽。这种皮肤具有很强大的抵抗能力，富有弹性，每次洁面后不会有黏或者紧绷的感觉。虽然此类皮肤的毛孔小，色素和瑕疵不明显，但它仍然会随着季节和健康状况的改变而发生变化。

2. 干性皮肤

干性皮肤产生于油分和水分的失衡，是一种油和水都缺少的皮肤类型。衰老和各种环境因素也会使皮肤呈干性。干性皮肤可分为缺油型、缺水型以及由皮肤衰老而引起的几种类型。干性皮肤比较薄，缺少抵抗力，容易受到损伤和老化，受此影响，嘴角和眼角部位也更容易产生细纹。如果在洁面后不使用任何护肤品保养，就会感觉皮肤特别紧绷，经常出现脱皮现象，甚至导致皮癣病。长期处于这种情况，皮肤会变得粗糙、毛孔缩小、缺少光泽，容易脱妆。

3. 油性皮肤

油性皮肤的产生是由于皮脂腺分泌机能超常旺盛，其分泌量超出正常值，使得皮肤表面经常呈现油亮感。油性皮肤多为遗传因素所致。但是如果人们睡眠不足、情绪波动以及饮食不规律，也会形成油性皮肤。油性皮肤角质层厚、表皮油亮且有黏糊感，不清透，比较暗沉。气温高时，皮肤的油亮状态加剧，不易上妆。油性皮肤由于毛孔粗大，会引发粉刺等一系列皮肤问题。

4. 混合性皮肤

混合性皮肤的人脸的各部位会呈现出不同的特性。在脸部T型区表现出油性皮肤的特征，而其余部位则如干性皮肤。混合性皮肤是由于皮脂腺分泌量不均而造成的。由于T型区油分较多，而两腮和眼周皮肤较为干燥，因此洁面后会感觉皮肤紧绷。在身体疲劳或情绪波动时，脸上容易出现粉刺，颧骨部位出现黑斑，眼角也会产生较多的细纹。

三、皮肤的季节性状态

换季时，人的皮肤会变得敏感起来，但是如果事先知道哪些皮肤类型会因季节变化而敏感，并采取有效的防范措施，就可以长期拥有健康而美丽的皮肤。

1. 春季

春季皮肤状况不稳定。春季天气干燥，皮肤容易起皮屑，而且黑斑、雀斑等色素性疾病也会让脸部呈现瑕疵。随着户外活动的增加以及阳光照射的加强，皮肤将受到紫外线、花粉和灰尘影响，从而可能会导致过敏现象的发生。随着气温的上升，皮脂腺分泌量也随之增加。

2. 夏季

夏季，皮肤新陈代谢非常旺盛，皮脂腺和汗腺的分泌量增加。在这种情况下，皮肤会变脏，容易脱妆。大量出汗会降低皮肤的抵抗力，让皮肤失去弹性，而毛孔也会随之变大。汗腺的分泌量和洁面次数的增加以及冷气设备和紫外线等影响，会使皮肤变得干燥，雀斑等瑕疵也将随之增多。

3. 秋季

秋季，皮肤会遭遇强烈的紫外线，角质会因此变得厚重，导致皮肤肌理不再润滑，缺少透明感。随着皮脂腺分泌量逐渐减少，皮肤变得干燥，细纹也会显现出来。受诸多因素的影响，皮肤会缺乏光泽和丧失弹性，人处于疲劳状态，甚至肤色暗沉，出现黑斑和雀斑。

4. 冬季

冬季皮肤由于血液循环和新陈代谢活动的减少，会失去弹性。另外，汗腺和皮脂腺分泌量的减少将导致皮肤变得非常粗糙。室内的供暖设备也会加快皮肤水分的蒸发，导致皮肤干燥。

四、面部皮肤护理

1. 洁面

洗脸虽然简单，但也有很多学问。洗脸时皮肤最外层的角质层细胞会胀大，使沉积在皮肤上的灰尘、泥污、油脂和汗渍等被洗掉。洗脸时轻轻地提擦面部，能够促进血液循环，使皮肤得到滋润。干性皮肤最好不要用碱性肥皂和冷水洗脸，宜用与室内温度相同的清水和无色、淡雅的香皂洗脸，否则不仅越洗越干，还会使皮肤发紧、刺痒、脱屑或起皱。油性皮肤要用碱性肥皂和热水洗脸，洗后再用冷水擦一擦，可以减少脸上油脂的分泌，保持毛孔通畅。中性皮肤用中性肥皂和温水洗脸即可（图3-4）。

图3-4

一般情况下，洗脸要用温水，用特别冷的水洗脸会使毛孔收缩，污垢不易洗净，也容易使皮肤干燥以致脱皮；用特别热的水洗脸又会引起血管过度扩张，使皮肤松弛、萎缩、失掉油分，加速皮肤老化。但用冷热水交替洗脸，则对皮肤有益无害。

2. 面部健美

美在于运动，要想使面容青春常在，经常给面部做按摩美容操是非常必要的。具体操作步骤如下：

（1）用手指将下眼睑慢慢向上面内推，然后再慢慢将眼肌复位。这样可以帮助收紧下眼睑肌肉，防止眼袋的形成（图3-5）。

图3-5

（2）放松面部肌肉，两拳置于面部，头部向下稍用力压，两拳同时稍向上推。两手力度要均匀，使头部位置保持不变。这样可以锻炼两颊及面部四周的肌肉（图3-6）。

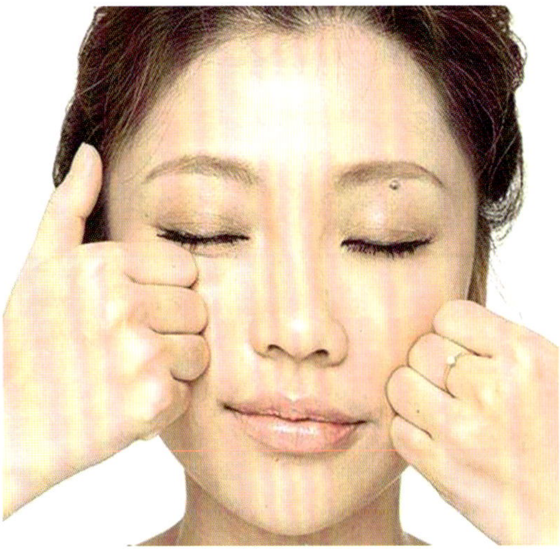

图3-6

（3）牙关放松，唇自然合上，控制两颊肌肉，使两边嘴角向上拉向太阳穴方向，但动作要轻柔，当嘴角拉至极限时，再慢慢放松肌肉恢复原位。这样主要是锻炼两颊、上唇及下颌的肌肉（图3-7）。

图3-7

（4）在下颌及颈部涂面膜膏，然后使下颌慢慢向上向前伸出，再慢慢恢复原位。要用下颌肌肉的力量去控制动作。这样可以锻炼下颌和颈部的肌肉（图3-8）。

图3-8

第二节　化妆

自古以来，人们对化妆就情有独钟。人们使用化妆品对身体进行清洁、美化或改变容貌，增添健美的效果，这是广义的化妆。如今人们常说的化妆主要指对脸部的美化。世界上没有丑的女性，只有不愿打扮自己的女性。

化妆师要想塑造出理想的妆容，少不了要对人物面部结构和各种不同脸型的特征进行一番认真的研究。此外，生活中大多数都是一些面貌平平不够完美的人，如何矫正面部的不足，让他们看起来光彩夺目，这就需要对人的面部结构和各种不同的脸型有一个全面的了解（图3-9）。

图3-9

一、脸部生理构造与特征

人的相貌千差万别，但基本的形态却是一致的，如五官、脸部轮廓等。为了更好地掌握面部的化妆技巧，了解面部的生理构造是有必要的，这是化妆的基础。了解面部的生理构造，也就容易把握相貌的个性特征。

要想化好妆容，首先要了解面部五官的比例、轮廓与线条，从而通过化妆手法来适度修饰和美化面部。另外，人的面部妆容的修饰还与人面部的肌肉、骨骼和脂肪密切相关。

标准脸型一般是指椭圆形脸，但这只是明确了标准脸的外轮廓，对五官并没有定义，所以还要明确面部五官的标准比例。有的人单看五官都很不错，可是组合在一起并不漂亮，也有的人单个五官较差，整体组合却很漂亮，这就是因为他们的五官在比例上失调了或比较和谐。

1. 脸部的比例

脸部结构的标准比例关系，即脸部的黄金比例是“三庭五眼”，人的五官比例只要在这个范围内，就能给人一种视觉上的平衡感（图3-10）。

图3-10

（1）面部五官整体的标准比例。所谓三庭即指从人的发际线到眉骨、从眉骨到鼻尖、从鼻尖到下巴的三个距离正好相等，各占1/3；五眼即指正常人的两个眼睛之间的距离正好是一只眼睛的宽度，外眼角到发际线的距离又是一只眼的宽度。如果两眼之间的距离小于一只眼睛的宽度，会给人紧张、阴沉的感觉；大于一只眼的距离，则会给人以缺少心机的感觉。但现在也有人认为四个半眼睛的距离更符合当今人们的审美观。

（2）五官标准位置和比例。眉毛的标准位置在额头发际线至鼻底中分线上，眉头和内眼角在同一垂直线上，眉峰在整个眉毛从眉头到眉尾的2/3处，眉尾在鼻翼与外眼角的延长线上，眉尾应平齐或略高于眉头的水平线。眉尾在鼻翼至外眼角连线的延长线上为长眉，眉尾在嘴角至外眼角连线的延长线上为短眉，如果眉的长度长于或短于上述这两个尺寸，化妆时就要适当地调整。鼻子在脸部的中庭位置，鼻翼部位的宽度应等于一只眼的宽度。眼的标准位置应在额头发际线和嘴角水平线之间的1/2处，两眼之间的距离等于一只眼的宽度，外眼角应略高于内眼角的水平线。唇的位置在下庭的中央部位，下唇底线应在鼻底至下颌底线的平分线处；唇的宽度应小于两眼瞳孔内侧的下垂线之间的距离；上唇和下唇的厚度比一般为1:1.5，性感唇的上下比例为2:2，即等于1:1；唇峰的位置一般在从唇凹到唇角的1/3处，唇峰离得越近显得越年轻，反之则显得越成熟（图3-11）。

图3-11

（3）侧面轮廓的位置。标准的侧面轮廓是鼻尖、上唇和下巴均在同一条延长线上。

2. 脸部的结构

化妆造型一般是对人物的脸部施以矫正和美化的技法，其重要的依据是头部骨骼结构。

（1）骨骼。头部骨骼由头盖骨、颊骨、鼻骨、下颌骨等构成，大体可分为脑的头盖骨和脸的颜面骨两大类。

①脑的头盖骨。脑的头盖骨由前头骨、头顶骨、后头骨、侧头骨构成。因人种的不同，头盖骨的构造也不同，但其特征不会因年龄变化而有所差异。

②脸的颜面骨。脸的颜面骨由颊骨、鼻骨、下颌骨、上颌骨构成，会因年龄增长而出现变化。

（2）轮廓。脸部的轮廓会受额头、眉骨、太阳穴、颧骨、下颌等部位的影响，形成各种不同的脸型（图3-12）。

图3-12

①额头的形状。额头的形状由前头骨的形状与头发发际的外形决定。同时额头的宽窄度、凹凸度也会影响人的外貌。

②下颌形状。下颌骨是决定人全脸的均衡度和脸下半部轮廓的重要因素。比如下颌消瘦，会给人以纤细、瘦弱、高雅的感觉；下颌带棱角，则给人以意志坚强、充满活力的感觉。

（3）肌肉。脸部肌肉分为表情肌和咀嚼肌。表情肌是控制面部动作的肌肉，它的反复运动会产生表情纹。化妆时要掌握好习惯性的表情，如微笑时人的口圈肌、笑肌和颧骨肌整个被牵动会往上收缩，所以描唇形时嘴角不妨稍微上扬，这样更能表现出自然的美感。

（4）脂肪。脂肪给人脸部以丰腴感，尤其是在颊骨下方的凹陷处的颊部脂肪，会使脸颊呈现丰腴或是消瘦的不同感觉（图3-13）。一般情况下，脂肪量多，人会显得稚气、年轻、天真烂漫、温柔、沉稳，女性和儿童多属于此种类型；脂肪量少，人会显得成熟、野性、冷峻，成熟男性多属于此种类型。

图3-13

二、化妆工具和化妆品

“工欲善其事，必先利其器”，化妆工具与化妆品是化妆的重要物质条件。要为自己和他人创造神采飞扬、妩媚动人的妆面，就必须选择合适的化妆工具与化妆品（图3-14）。

化妆工具和化妆品的选择是否得当，直接影响化妆的效果。因此，专业的化妆师要了解化妆工具和化妆品及其种类、性质和作用，具备选择和鉴别化妆品和化妆工具的能力，并能熟练运用。现在市场上的化妆工具和化妆品不断推陈出新，化妆师在学习化妆技巧的同时还需要更多地关注市场动态。

图3-14

1. 化妆工具

（1）化妆套刷。化妆套刷的材质分为两大类：天然刷毛和人工刷毛。一般来说，天然动物刷毛较柔软，转动的角度大，适用在脸颊等大面积的地方。人工刷毛触感较硬，使用期限较长，清洗方便，适用于细小部位（图3-15）。刷毛具体细分，有如下几种：

图3-15

①貂毛。貂毛是刷毛中的极品，质地柔软适中。

②山羊毛。山羊毛为最普遍的刷毛，质地柔软耐用。

③马毛。马毛质地比山羊毛硬，多用作眼影刷。

④松鼠毛。松鼠毛比貂毛便宜，毛质柔软。

⑤人造纤维。人造纤维比上述的几种动物毛硬，适合质地厚实的膏状彩妆。

⑥尼龙。尼龙质地最硬，多用作睫毛刷、眉刷 。

化妆套刷依据其大小、颜色、使用范围来划分，主要有以下几类：

① 散粉刷。散粉刷也称蜜粉刷，使用时蘸取散粉起到定妆的作用，还可以扫除多余的散粉，是化妆刷中最大的一种毛刷。其质地柔软，不刺激皮肤，通常有山羊毛、松鼠毛、貂毛等材质的，蘸粉量多，上妆容易，刷毛蓬松，适合全脸使用（图3-16）。

图3-16

②腮红刷。腮红刷个头小于散粉刷，适用于扫腮红和轮廓红。如套刷内同时有圆头的和斜向的，应以斜向的作腮红刷，因使用其容易掌握角度（图3-17）。

图3-17

③扇形刷。扇形刷又名清道夫，可用来扫去眉毛、眼睫毛处多余的粉及眼影（图3-18）。

图3-18

④眼影刷。眼影刷用于画不同的眼影，可根据眼影的范围大小来选择不同的刷子。刷面越大，所使用的范围越大，颜色就越浅；刷面越小，所使用的范围越小，颜色越深。一般最大的眼影刷用于白色提亮（图3-19）。

图3-19

⑤唇刷。唇刷为0.5 mm左右的椭圆形刷，用于均匀地涂唇膏或者唇彩，使用后要清洗干净，平时用油护养。

⑥修改刷。修改刷用于打底后局部修饰，如T型区、眼底、鼻侧面，可遮盖黑斑、法令纹及额头的凹陷处部位。修改刷一般较小，可选不含毛质的，以防遮盖时接触到含油脂较多的部位。

⑦眼线刷。眼线刷用来画眼线，刷头细而扁平，可以画出精确的眼线。按其形状可以分为用于膏状或液状眼线产品的细圆形眼线刷，用于蘸取眼线粉与膏状产品的圆形眼线刷（图3-20）。

图3-20

⑧眉刷。眉刷又叫T型眉刷，用来描画眉形。眉刷前面不可太叉开，毛质柔软的会比较好（图3-21）。

图3-21

⑨眉梳。眉梳是用来整理眉毛的工具，梳状，可梳理男性眉毛和女性睫毛（图3-22）。

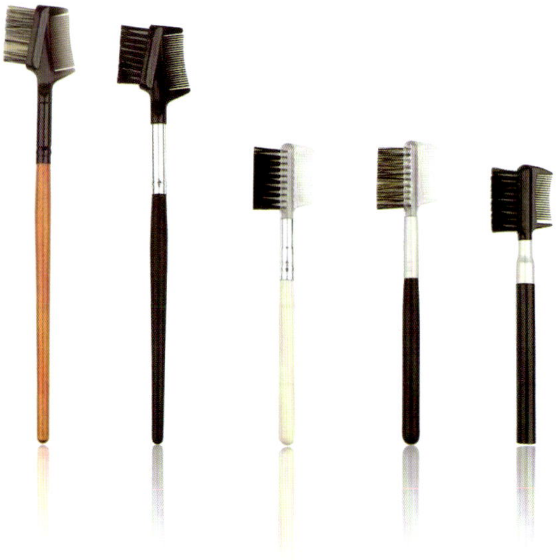

图3-22

（2）其他工具。

①化妆海绵。化妆海绵用来涂敷粉底、薄的液体、厚的膏体。海绵必须柔软且富有弹性，不能是光面。使用前最好用水清洗并用纸巾把水吸干，使其呈潮湿状，这样便于把粉底涂抹均匀。较长时间使用的化妆海绵往往会出现使用部位松散现象，这时应将松散部位切除。且应每隔一段时间用温和洗涤剂将其清洗干净（图3-23）。

图3-23

②粉扑。粉扑一般有棉质和合成纤维两种，选用时以柔软度适中为佳。

③眉笔。眉笔一般有咖啡色、黑色、灰色几种，选择时笔芯要软硬适中。

④眼线笔。眼线笔一般与眼线粉、眼线液配合使用，以加深和突出眼部的彩妆效果。

⑤唇线笔。唇线笔应选择与个人唇色接近的颜色，一般有大红、玫红、棕红等颜色。

⑥眉钳。眉钳为修眉的工具，可将眉毛连根拔起，使人在皮肤上看不到眉毛的根部。

⑦修眉刀。修眉刀用来修眉或修掉面部的小绒毛。

⑧眉剪。眉剪用于修剪过长或杂乱的眉毛。

⑨美目贴。美目贴用于将单眼皮化妆为双眼皮，或矫正过于下垂的眼皮。

⑩假睫毛和睫毛胶水。假睫毛和睫毛胶水用以增加眼睛的神采，加强睫毛的密度和长度，常用于晚妆、新娘妆等（图3-24）。

⑪睫毛夹。睫毛夹用来夹卷眼睫毛，使眼睫毛产生向上弯曲的效果，配合睫毛膏使用可增加眼部的神采（图3-25）。

图3-24

图3-25

⑫化妆头套或夹子。使用化妆头套或夹子方便化妆工作的进行。

⑬棉棒。棉棒用于细小部位的擦拭和修改瑕疵，如对妆彩较浓的地方做淡化处理。

⑭纸巾。纸巾用于擦拭化妆工具和妆面。

图3-31

（5）唇膏。唇膏一般应依据妆型、肤色、个性不同而选择（图3-32）。

图3-32

①普通唇膏。光泽适度，需多次涂抹。

②亮光唇膏。无色，含油脂较多，强调光泽，只涂于唇间，上妆方法为用唇刷蘸取涂于两唇峰和下唇中间。

③荧光唇膏。含珍珠粉，在夜晚或灯光下具有华丽感，颇受年轻女性喜爱，一般涂于两唇峰和下唇中间。

（6）睫毛膏。睫毛膏可使睫毛显得浓密，从而弥补睫毛较短、较细的不足。上妆时由睫毛根部向外涂抹，至黏度适中，粘附均匀，浓黑光泽，达到睫毛根根分明、浓厚、不变硬且有卷曲的效果（图3-33）。

（7）卸妆水。卸妆水一般针对眼部或者唇部彩妆选择，有水油结合和单纯水两种类型。

图3-33

四、化妆步骤和技巧

化妆，能表现出人物独有的自然美；能改善人物原有的“形”“色”“质”，增添美感和魅力；能作为一种艺术形式，呈现一场视觉盛宴，表达一种感受。运用相应的化妆工具和化妆品，采取合乎规则的化妆步骤和技巧，对人的面部、五官及其他部位进行渲染、描画、整理，增强立体印象，调整形色，掩饰缺陷，表现神采，从而可以达到美容的目的。

1. 洁面

洁面就是洗脸。化妆一定要在干净的脸部进行，这样不仅有利于保护皮肤，也能保持妆面持久，并且还能使彩色化妆品着色效果真实。洗净脸后，涂以护肤品，如膏、霜、奶液、蜜等类均可，以护肤为主（图3-34）。

图3-34

2. 上化妆水

化妆水的使用可以使毛孔收缩，从而抑制汗液和皮脂的分泌，这样是为了保持妆面持久。

3. 涂饰底乳

取豆粒大小的饰底乳点在脸上，涂抹均匀。绿色和蓝色的饰底乳有很好的遮盖作用，适合有斑点或其他瑕疵的人使用；紫色的饰底乳则比较适合东方人的皮肤；白色的饰底乳比较适合透明妆（图3-35）。

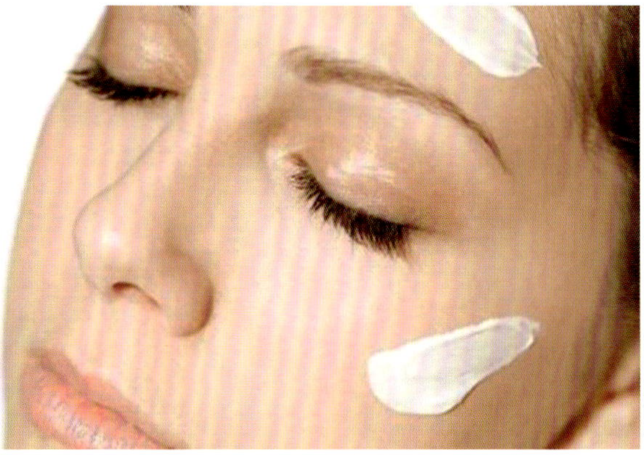

图3-35

4. 涂抹粉底

粉底的作用主要是均匀面部肤色，所以要选择与自己肤色接近的颜色（图3-36）。涂抹时要注意脸与颈部衔接处的颜色，可以选择和颈部颜色相同的粉底。

图3-36

女性平时化妆，用粉底液就可以了，可根据自己面部的情况选择是否含油的粉底液。尽量不要用膏状粉底，因为如果打不好会显得底妆很厚重。有些女性脸上有痘，如果是很平的痘印，用遮盖力较强的粉底液就可以遮住，而比较突出的痘或凹凸不平的痘印，如果使用粉底，涂得越厚反而会越明显。需注意，在上粉底前要先把眉毛修剪好。另外，现在大多数女生上妆前都会用BB霜遮瑕，也能达到很好的效果。此外，还需注意，上妆时应根据上妆者的脸型而施以粉底，方型脸涂粉底时，两侧颌骨处勿涂抹。

5. 定妆

定妆可以使粉底更牢固地附着在皮肤上，从而使妆容更持久，防止皮肤因为油脂和汗液的分泌而掉妆，并能吸收一部分皮脂和汗液，防止出现油光。定妆时用粉扑蘸少许蜜粉，并轻轻抖掉多余的蜜粉，然后轻轻刷过皮肤，使蜜粉附着在粉底上（图3-37）。

图3-37

技巧：一定要去除脸上多余的浮粉，以免让人看上去有灰蒙蒙的感觉。局部定妆要在确定大号粉底后，闭上眼睛，用少量的粉轻轻地定上眼睑，然后睁开眼睛定下眼睑，最后是鼻翼和唇部。做整个脸部大面积的整体定妆时，首先定外轮廓，然后定上颌部分和下颌部分及内轮廓。

6. 画眼线、涂眼影

画眼线时，使用眼线笔紧贴睫毛画，上眼线可重一些，下眼线切忌画得过粗、过重。可采用“上眼线后2/3，下眼线后1/3”的画法，然后用棉签或细小的眼影刷轻轻晕开，使效果看起来更加自然。如果妆者睫毛浓密，可以只在眼尾扫些眼线（图3-38）。

图3-38

眼部化妆强调眼影和眼线。用毛刷轻扫眼影粉，将不同颜色的眼影粉刷得更加均匀。然后，在眼睑内侧涂上眼影。可以根据不同颜色的服装选择搭配的眼影颜色（图3-39和图3-40）。

图3-39

图3-40

技巧：化眼影时要注意色彩的过渡。比如粉红色的眼影，就要先将整个眼眶都涂上一层淡粉，然后在接近睫毛的地方加深。上完妆后要在眉骨鼻梁上扫上一层白色的散粉，这样可以达到凸显立体感的效果。

7. 修眉毛

眉毛是眼睛的外框，可以随意改变其形状。眉毛的外形可以表现脸部的表情。一般人的眉毛都会有这样那样的问题，如眉毛太稀或者过于浓密，都要进行修剪。修眉前要确定自己的眉型，然后根据眉型和脸型及流行趋势来确定最终修眉方案。通常修眉时要尽量保持原来的眉型，在此基础上修剪多余的眉毛。确定眉型后，就要用眉笔清晰地画出，并用刷子顺着眉毛生长的方向梳理。注意，描画出的眉型要自然，描画时用力要轻（图3-41和图3-42）。

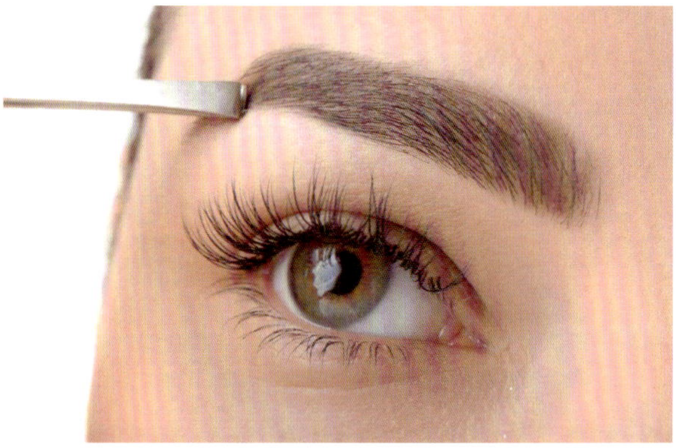

图3-41

图3-42

技巧：眉毛过于稀少的女性可以利用睫毛膏来营造丰满自然的效果，但睫毛膏使用的量不要过多，一点点即可，顺着眉毛生长的方向轻刷而过。记得要选择合适的颜色，肤色白的人可以选择咖啡色系的睫毛膏。

8. 夹睫毛

先用大号的睫毛夹夹卷整个睫毛，再用小号的睫毛夹将眼角不易夹到的睫毛夹翘。用睫毛膏按Z字形刷出一根一根加密的效果，然后刷睫毛的顶部，以达到加长睫毛的效果（图3-43）。等膏体稍干，再用黑色睫毛膏按Z字形由上至下刷出同样效果。

图3-43

技巧：夹睫毛时可先用吹风机把睫毛夹加热，再夹睫毛会使睫毛更翘且更持久。还有一种方法是把木制棉棒用打火机烤一下，在睫毛下方向上撑起，停留一会儿，会营造出类似于电睫毛的效果。

9. 刷腮红

腮红能够表现肤色的健康状态，使脸部看起来柔美自然，也可以使颧骨更突出立体。腮红的颜色可以根据自己的肤色确定。

技巧：用腮红刷蘸少许腮红，并在手背或腮红盖上轻轻揉匀，然后以“打圈”的方式从颌弓下方开始向太阳穴方向晕染。如果把握不准位置，可以对着镜子微笑，颧骨突出的部位就是要刷腮红的位置。长脸型的人要横向晕染，方脸型和圆脸型的人应该斜向前晕染（图3-44和图3-45）。

10. 涂口红

口红能表现出嘴唇鲜嫩的色泽和有魅力的外观，口红的颜色要根据服装色、眼影色来确定。生活妆多用与天然唇色接近的颜色。不过为了防护嘴唇，防止唇部黏膜变干，建议在上口红前，先在嘴唇上薄薄地涂抹一层润唇膏，然后再涂抹口红。另外还可以在涂口红后再涂抹唇油和唇彩。

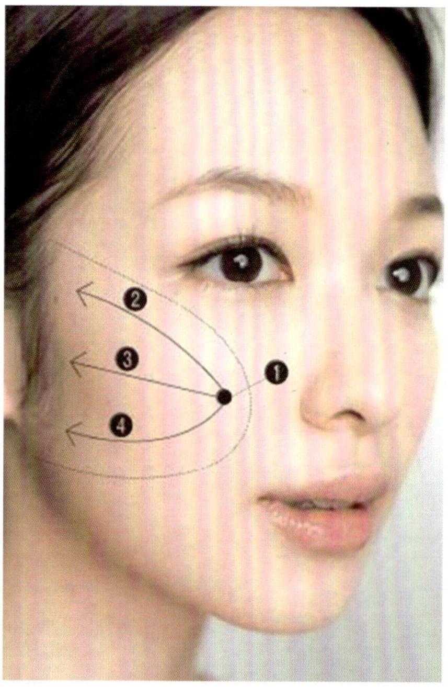

图3-44

图3-45

描唇线同样对嘴唇有修饰作用。薄嘴唇的人在描唇线时，选择略深的唇线笔紧靠自然唇线在外侧描画，再用略深的口红修饰；厚嘴唇的人在描画唇线时也要紧靠自然唇线在内侧描画，再用较深的口红涂抹。唇线描好后最好不要再涂抹发亮的口红、唇油、唇彩（图3-46和图3-47）。

技巧：涂唇彩时不要涂满整张嘴，否则看起来会像刚吃完饭没擦嘴一样。在唇正中位置点上唇彩，抿一下嘴唇，效果会比较好。

图3-46

图3-47

第三节　面部矫形化妆

面部矫形化妆一方面要突出面部五官最美的部分，另一方面要掩盖、矫正缺陷或不足的部分。经过化妆品修饰的美有两种，一种是趋于自然的美，一种是艳丽的美。前者是通过恰当的淡妆来实现的，它给人以大方、悦目、清新的感觉，最适合在家或平时上班时使用；后者是通过浓妆来实现的，它给人以庄重、高贵的印象，可出现在晚宴、演出等特殊的社交场合。无论是淡妆还是浓妆，都要利用各种技术，恰当使用化妆品，通过一定的艺术处理，才能达到美化形象的目的。

修容粉的作用是修饰脸部轮廓让五官更立体。一般以棕色或者咖啡色修容粉为主，用以修饰脸部轮廓，用粉刷扫在脸部凹陷部位，如鼻梁两侧、额头两边、颧骨下方。用小刷子蘸上浅色修容粉，刷在窄小、不够突出的部位，脸部会显得明亮而有生气（图3-48）。

图3-48

底色对脸型的修饰主要是运用绘画化妆的表现技法来塑造外轮廓。具体方法是对照理想脸型（以椭圆脸型为标准），通过对不同深浅、冷暖底色的运用，做视觉上的加减处理，调整脸型问题。

一、圆脸型

（1）修正方法：从视觉上对脸型进行拉长和变窄的修正（图3-49）。

（2）提亮部位：提亮发际线部位，以提升额头的高度；提亮下巴，以增加下巴的长度。

（3）阴影部位：阴影涂在额头两侧的颞部、鬓角线部位，以收窄额头的宽度；涂在脸颊的两侧，使脸型看起来有上扬、消瘦的感觉。

二、长脸型

（1）修正方法：在视觉上对脸部进行缩短和拉宽的修正（图3-50）。

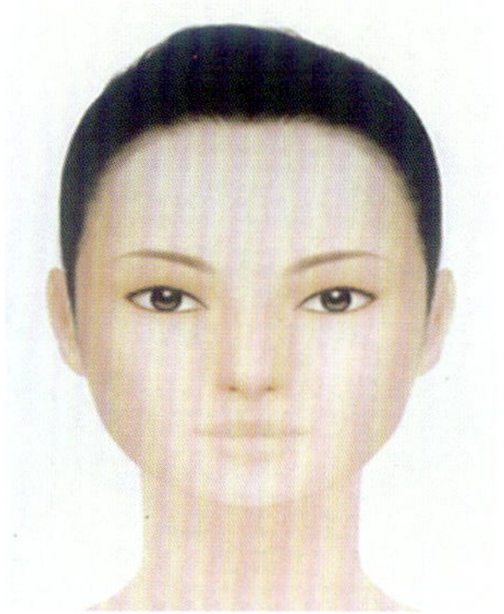

图3-49

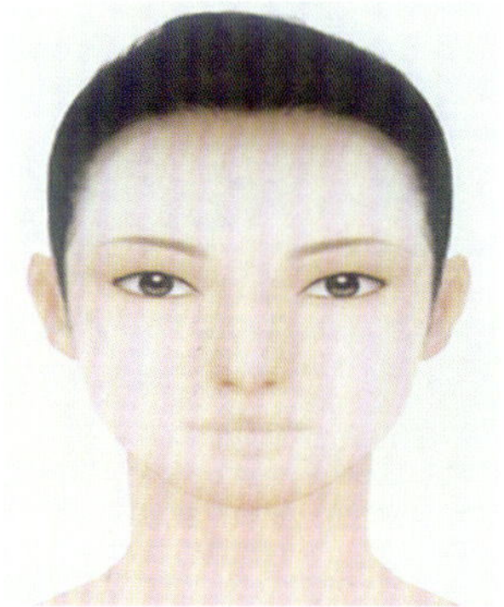

图3-50

（2）提亮部位：提亮颧骨两侧、脸颊两侧。处理方法与圆脸相反，力求使长脸横向延伸。

（3）阴影部位：阴影涂在额头上方、发际线、下巴下方，使脸型缩短。

三、方脸型

（1）修正方法：减少脸型四个角的坚硬感，以增加柔度（图3-51）。

（2）提亮部位：提亮发际线部位，以提升额头的高度；提亮下巴，以增加下巴的长度。

（3）阴影部位：阴影涂在额角两侧，在面部的外轮廓均晕染不同的阴影，使脸型柔和。

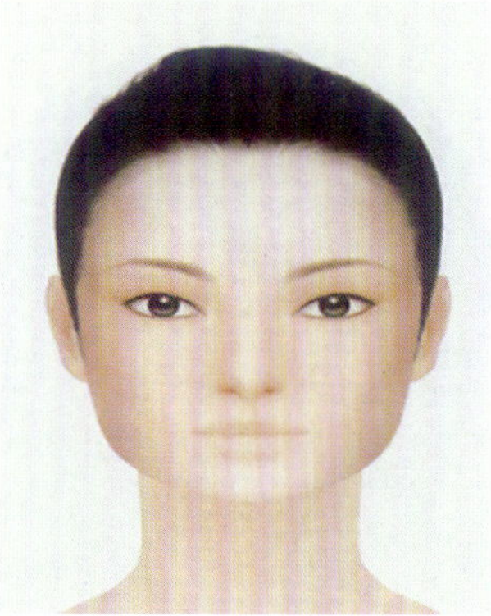

图3-51

四、正三角脸型

（1）修正方法：在视觉上对脸部进行收窄下部、拓宽上部的修正（图3-52）。

（2）提亮部位：提亮额头两侧的颞部、鬓角线部位，以增加额头的宽度。

（3）阴影部位：阴影涂在脸颊宽大的位置，在下巴的底部与颈部的连接处晕染。

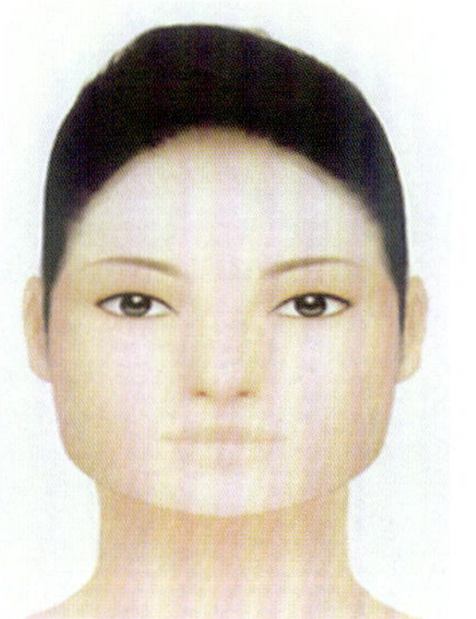

图3-52

五、倒三角脸型

（1）修正方法：在视觉上对脸部进行收窄上部、拓宽下部的修正（图3-53）。

（2）提亮部位：提亮脸颊两侧、下巴两侧，以缓解尖瘦的感觉。

（3）阴影部位：阴影涂在额头两侧的颞部、鬓角线部位，以收窄额头的宽度。

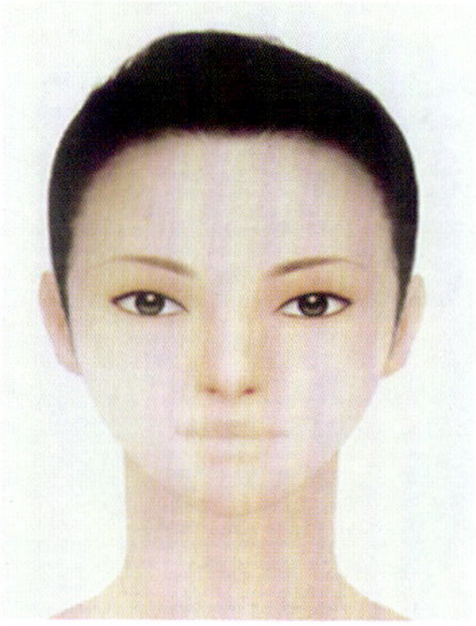

图3-53

六、菱形脸型

（1）修正方法：拉宽脸部，使之饱满；削弱颧骨，使之变窄；柔和棱角（图3-54）。

（2）提亮部位：提亮额头两侧的颞部、鬓角线部位，以增加额头的宽度；提亮脸颊两侧、下巴两侧，以缓解尖瘦的感觉；多用浅色的粉底使轮廓变得饱满圆润。

（3）阴影部位：在颧骨两侧使用阴影来削弱颧骨的高度，并修饰过尖的下巴。

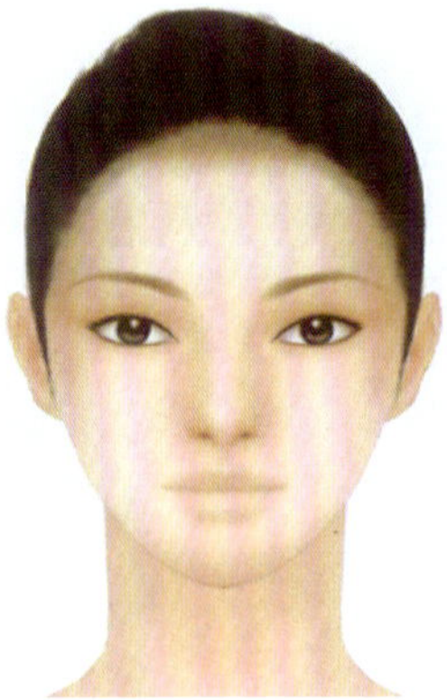

图3-54

能力训练

1. 假设一个服务对象，为其设计面部妆容方案，进行实践，并撰写成果报告。
2. 为自己设计并化一个适合的日常妆。

第四章

头部形象设计

知识目标

1. 掌握发型设计的原则及分类。
2. 掌握发型设计的技巧。

能力目标

学生能够熟练根据脸型、体型、年龄，设计出与自己相协调的发型，并能熟练地掌握操作技巧。

第一节　发型设计的原则及分类

头发是人类宝贵的财富。它不仅具有生理功能，同时还有修饰功能。健康的头发，使人看起来青春向上，充满动感和魅力。头发的外貌，是由密度、结构、姿势、颜色和健康状况来决定的。

一、发型设计的原则

发型美的本质特征决定了发型设计的形象思维和艺术创新的构思形式。这种形象构思活动必须依据以下原则：体现发型美的本质、特征和规律；具有发型美的形态和独特的艺术风格；构图布局、块面形状、花纹线条、发态流势、色调处理及饰物衬托等符合形式美的法则；与脸型、头型、体态、举止、风度、气质和服饰等条件搭配自然，和谐统一；具有与设计的发型制作相应的工艺流程、制作技术和器具用品。总的原则是：坚持实用标准和审美标准的统一。要满足这两个方面的要求，必须了解发型的三要素：款式、纹理、颜色。

1. 款式

款式是发型的外在形状，起到主体骨架的作用，是发型造型的基础。发型的选择首先就是选款式，只有好的款式才有可能成为适合人们的漂亮发型，其他要素往往都是为了突出和衬托款式。款式种类很多，关键是要适合自己。现在人们的发型千奇百态，有直发、卷发、束发等，它与人们的艺术心理、审美观点和大众环境相结合，不断地变换与创新（图4-1）。

图4-1

2. 纹理

纹理是常说的层次和质感，指发型的表面特征，一般分为光滑、柔顺的静止纹理和粗糙、凌乱的活跃纹理。纹理的视觉效果会受颜色和光线的影响，光线明亮时纹理效果较为明显，颜色越浅纹理越显活跃。同样，纹理也和头发的曲直有关，卷发发型的纹理比直发发型的纹理富有动感。纹理还会影响款式，活跃纹理会使发型款式的轮廓更加柔和，静止纹理会使发型轮廓线清晰、明朗（图4-2）。

图4-2

3. 颜色

颜色是创造发型整体视觉效果的主要因素。从人们对物体的感觉程度来看，颜色是最先进入人的视觉感受系统的。此外，颜色也会以不同的形式在不同程度上影响人的情绪。因此，颜色可以创造出发型的整体艺术气氛和审美感受。黄种人几乎都是黑色头发，发型缺乏立体感。彩色头发可以强化发型的纹理，使静止纹理更显柔顺、活跃纹理更显凌乱；同时还可以加强发型的动感和方向感，使发型的款式更加立体。颜色越深发型轮廓线越清晰，颜色越浅发型轮廓线越模糊（图4-3）。

图4-3

二、发型设计的分类

1. 按实用性分类

按实用性分类，发型可分为生活发型和艺术发型。生活发型是满足日常生活需要的实用性发型，也就是发型师为顾客设计并制作的发型，我们随处看见的发型大都属于此类。生活发型又可分为普通发型和晚装发型，普通发型就是只修剪或者在修剪的基础上做简单的造型，晚装发型就是指盘发。艺术发型往往能体现发型师的创意和艺术才能（图4-4），一般见于时尚杂志、时尚发布会、影视作品中等。

图4-4

2. 按头发长度分类

按头发长度分类，有长发、中长发、短发三种类型。长发一般超过肩部；中长发长度一般至耳朵以下，肩部以上；短发长度一般不超过15 cm，这样的发型打理方便，造型容易（图4-5和图4-6）。

图4-5

图4-6

3. 按头发的卷曲度分类

按头发的卷曲度分类，有直发和卷发两种发型。一般中国人的头发都是自然直发，不过随着流行趋势的改变，人们也会把头发烫成卷发（图4-7）。卷发有不同的形式，如小波浪、大波浪、微卷、三角形等，它们是由于在烫发时采用了不同形状的卷发芯所致。

图4-7

4. 按发型风格分类

按照发型的风格分类，一般有前卫发型、时尚发型、流行发型、传统发型（经典发型）（图4-8和图4-9）。前卫发型款式新颖，稀奇古怪，色彩鲜艳。当人们开始喜欢并接受个性前卫的发型时，它就成了时尚发型。当时尚的发型被大众接受时就成了流行发型，大街上就应该随处可见了。一般一种发型都不会流行太长时间。如果某种发型流行很长时间，甚至长达几十年，那么这种发型就成了传统发型，即经典发型。

图4-8

图4-9

第二节　发型设计基本技法

发型，作为一种人体仪容装饰艺术，本身具有形象性、装饰性、趣味性、象征性等艺术特点。

一、发型在形象设计中的意义

（1）发型可展示出不同人物的性格。不同的性格、气质，必然会表露在一个人的外表上。性格是各种各样的，有的人内向文静，有的人活泼好动，有的人孤傲自高等。这些不同的性格，都会通过他们的外表，包括面容、衣着、发式而表现出来。可见，发型有助于人物不同性格的展示（图4-10）。

图4-10

（2）发型可展示不同的民族文化。在人物造型中，可通过不同的发式及头发的颜色来塑造不同民族和不同国籍的人物形象。我国是一个多民族的大家庭，各民族除了语言不同外，服装和发型也各具特色。如苗族女性发式古典色彩浓厚，一般梳成束髻，髻上插各种美丽的饰物（图4-11）；朝鲜族女性喜欢梳一条长辫垂于脑后，额前不留头帘，中分，干净利落。

图4-11

（3）发型可展示不同阶层的人物特征。自古以来，君臣之间、主仆之间、贵族与平民百姓之间都有着严格的界限。在我国古代社会，发髻也同服装一样，是封建统治阶级用来表示人们社会地位和阶级属性的标志。例如，民国初年的洋小姐以及中华人民共和国成立后的女工，其发型和装扮都有明显的区别。在现实生活中，舞蹈演员通常把头发梳得光滑平整，紧紧地在脑后扎一个发髻；大众女性则多把头发梳理得较为随意、蓬松、自然；白领女性则刻意把发式梳得讲究。发型还可以展示人物的内心情感。例如，在生活中，见到一个平时不爱打扮的人突然服装考究，头发梳得很有式样，给人焕然一新的感觉，就可以猜测他是要去参加一项愉快的活动；另外，平时一向爱整洁的人，突然反常，头发蓬乱，脸色蜡黄，精神不振，就可以断定他是受到了意外的打击或受到了极大的刺激。

（4）发型可展示人物的不同年龄特质。头发的式样可以展示出人物的年龄，中国古代的“官礼”就是以一种改变发式来标志成年的活动。在人物头发的造型中，往往利用生理条件的变化引起的发质、发色的不同，以及发式的不同来展现人物的不同年龄特质（图4-12和图4-13）。

图4-12

图4-13

二、发式的类型

发式可以依据设计形式的不同简单地归类为自然型、动态型、韵味型、装饰型、个性型、古典型等几种类型。

1. 自然型

自然型发式强调朴素，不对发型进行过分修饰（图4-14和图4-15）。

图4-14

图4-15

2. 动态型

动态型发式突出流畅、奔放、跃动的特点（图4-16）。

图4-16

3. 个性型

个性型发式可以很好地突出一个人的个性和气质（图4-17）。

图4-17

4. 韵味型

韵味型更能体现出发式的节奏变化（图4-18）。

图4-18

5. 装饰型

装饰型发式显得生动、内涵丰富、有装饰色彩（图4-19）。

图4-19

6. 古典型

古典型发式一般为挽髻、梳辫等仿古之类的发式，这种发式，会让人有一种高贵典雅的气质（图4-20）。

图4-20

三、发型设计与形象塑造的关系

发型是人的第二张脸，一个好的发型能给人的形象锦上添花。形象设计中的发型，总是在妥帖、对位和方便的原则下，作为整体形象的因素之一融合在完整的形象之中。因此，发型设计要综合人的身体特征，包括脸型、体型、职业、气质等多方面因素来进行。以发型与人的气质的关系来讲，精明强干或性格活泼的女性适宜梳直短发，这种发型易梳理，易保持。半长发型适合于年龄不同的各种脸型和各种性格的人，它给人一种沉稳、典雅的感觉，但梳理这种发型需要心灵手巧和有耐心。长发型在所有发型中一直最富有女性特征和魅力。发型在整体形象造型设计中的美感是通过发质、发色和发式来体现的。

1. 发型与发质的关系

发质和肤质一样，具有不同的种类。针对不同的发质，发型应该有所区别。因此，在设计发型前必须对设计对象的发质有充分了解。

（1）稀少头发，要想显得丰盈，可以每日清洗。另外，烫发时在发根处使用发夹，烫得高一些，还可形成向外卷曲的边帽发型。发高取至腭线，这是表现发量感的最佳长度，发尾轻柔飘动能加强发型的立体感（图4-21）。

图4-21

（2）粗硬而量多的头发，要直线修剪，梳发时应压低发量。头发如果过短，就会竖起，所以粗硬而量多的头发，不适宜梳短发。这种发质适宜梳中长发，从正面到侧面做边缘式剪削，这样发尾摇动时便会有轻盈的感觉。粗硬的头发在做造型之前，最好先用油质染发剂烫一下，这样可使头发看起来没那么坚硬，增加柔和感。

（3）天然的卷发有时会给人一种散乱的感觉。如果将头发剪短，卷曲度就不太明显，如果留长发则能显示出一种自然的卷曲美。因此，天然卷发者设计发型时可以选择将头发剪短，或留长发，在脑后挽成一髻，极具美感。

（4）细而柔软的头发可塑性强，梳理起来比较方便，尤其适合梳俏丽的短发。另外，做柔和卷曲的发型和小卷曲的波浪发型也很自然，不论长短都能持久保持卷曲蓬松的动感（图4-22）。

（5）直而硬的黑发，可梳理成披肩的长发。梳成大髻或圆环也很好看。这种发质如果要梳成细小卷曲的复杂发型就很困难，即便烫卷定型，也会显得很呆板。这种发质用大号发卷梳理成略带波浪的发型，会显得蓬松自然。另外，由于这种发质易于修剪整齐，所以设计发型时可以特别在修剪上下功夫，做出简单而又能表现出高贵的发型来。

图4-22

2. 发型与发色的关系

色彩的表现力能为发型增添无穷的魅力，会使发型展示出更强烈的效果，同时衬托出脸部和服装的最佳效果，使整个形象在色彩上浑然一体。头发的颜色范围可从最淡的金色、白色或银色到蓝黑色。亚洲人的发色以黑色、棕黑色等深色为主。发型色彩与其他设计色彩有一定的共性，但是发色与人的发质、肤色、服装色等有着密切的关系，这又使它具有与众不同的特性。在形象设计中，每一个环节都是相辅相成、相互衬托的，发型色彩在整体形象设计中同样具有重要的作用（图4-23）。

图4-23

（1）染色方法。头发的色彩除了天生以外，还可以通过以下四种方法来改变：

①焗油染色。这是一种半永久性染色方法，采用焗染方法改变头发色彩，在护理发丝时进行染色，色泽不能持久保持。其特点是色调柔和、自然，色彩变化起伏较小，更接近于生活，适于日常使用。

②染膏染色。这是一种永久性染色方法，其特点是色彩丰富，色度变化富于层次，具有多种色彩的冷、暖变化，既可染鲜艳的色彩，也可染柔和的色彩，十分富有表现力。用染膏配合设计发型，可以充分发挥色彩的魅力，不仅可以使用单一色调，使用组合配色、挑染配色也均能展示更为显著的效果。这种方式适用范围广泛，在不同类型、不同场合、不同风格的形象设计中均适宜。

③彩色发胶。彩色发胶的色彩比较艳丽、单纯，分为单色和混色两种。单色发胶有红、黄、蓝、绿、紫等色彩，混色发胶是以赤、橙、黄、绿、青、蓝、紫七种颜色混合而成。彩色发胶属于临时性装饰物品，向发丝上一喷即可，色泽鲜艳，效果明显，用水清洗即可清除，使用方便，适用于聚会、晚会时临时装饰发色，可以整体染色，也可以局部染色，局部染色效果更佳。由于彩色发胶的色彩纯度较高，因此不适宜日常使用。

④漂发。漂发也是一种改变发色的技法，它是部分或全部除掉头发原有的天然色素，改变发色。在漂发过程中，头发的色素要经过不同阶段的色彩变化，比如，黑色头发要经过由黑色变褐色，由褐色变暗红色，再由暗红色变金红色，直至白色，设计时达到人物所需色调即可。漂发通常采用挑漂法，表现效果活泼、富于个性，可以运用于不同的发丝部位，使用范围较广（图4-24）。

（2）发色与整体形象色调的和谐。一个人完整形象的整体色调是由自然肤色、发色和眼睛的颜色及身上所穿服装的颜色组合而成的。如果色彩组合中的各个色彩的色相、明度和纯度之间达到了平衡与和谐，那么这种色彩组合后会更加吸引人。

①发色与肤色的和谐。自然体色是由肤色、发色和眼睛的颜色组成的。一个人的头发颜色，天生与其本人的肤色和眼睛的颜色相得益彰。如果要改变发色，就必须注意所选择的发色要与自然体色的其他两部分相和谐。由于发色在大多数情况下是由它的光亮部分所决定的，也就是说，不同颜色的头发一般会呈现出一种或冷或暖的整体外观。因此，发色与肤色、眼睛的颜色可以从冷暖、深浅两个方面进行设计，以求达到统一协调的效果。肤色由于所占面积较大而成为影响发色选择的最主要因素。肤色按冷暖、深浅两种因素大致可以划分为四种类型：

图4-24

a. 冷色调浅色。皮肤色调以粉色为底色，是最浅的皮肤色调。这种类型的肤色宜选用同为冷色调的发色（图4-25）。

图4-25

b. 冷色调深色。皮肤色调以粉色或蓝色为底色，属于偏深的颜色系列。适合蓝黑、紫黑等冷色调的发色，发色宜深（图4-26）。

图4-26

c. 暖色调浅色。皮肤色调以黄色为底色，色度较淡。同为暖色调的发色是最佳的选择，如浅金棕色系。

d. 暖色调深色。皮肤色调以黄色为底色，色度较深。暖色调的深色头发最适合这种类型的皮肤，深橄榄棕色和深金棕色都是好的选择（图4-27）。

图4-27

②发色与服装颜色的和谐。发色和服装颜色的搭配也要考虑冷暖、明暗这两个方面的因素。

发型色彩与服装色彩明暗对比可强可弱。较强的明暗对比常用于需要强调发型效果、表现风格比较活泼时。较弱的明暗对比适用于整体感强的形象设计，表现风格比较沉稳。

发型色彩与服装色彩的冷暖对比中也有强弱之分。需要注意的是，当冷暖对比弱时，明暗对比就要增强；当冷暖对比强时，明暗对比可以自由选择。例如，棕色发型搭配墨绿色服装：明暗弱对比，冷暖强对比，效果沉稳、大方；浅黄色发型搭配棕色服装：明暗强对比，冷暖弱对比，表现风格柔和、自然；金黄色发型搭配浅蓝色服装：明暗弱对比，冷暖强对比，表现效果灿烂、迷人。

3. 发型与发式的关系

发式就是头发的造型。发式的选择包含两个因素：一个是人物自身，另一个是服装。其中人是形象的主体，是形象设计的基础及最终效果的表现核心。发式要与这两个因素充分配合，相辅相成（图4-28）。

图4-28

（1）发式与人物自身。发式不仅可以掩饰人的生理缺陷和强调人的生理优点，也能够体现人的年龄特征，改变人的年龄感。各个年龄阶段的人都可以通过不同的发式来使自己看起来年轻些或者更成熟。

①少年时期。这个时期的人活泼、天真烂漫，处于发育和学习阶段，发式应多以简单的短发、扎辫、齐发为主，不宜烫发、染发。这样的发式易打理，造型上不过分夸张、不复杂，充分展示了少年时期的年龄特质。

②青年时期。青年人开始注意自己的打扮和发型的美观，可自由设计任何发型。选择新颖、美观、活泼的发型，短、中、长发式均可。直发式常梳成流行

的内卷式等，长发可梳成长辫，也可披肩。烫发的发型更是多种多样，可全烫或局部烫，局部烫可增加发型的流动感，发型随人的动作而有所变动，全烫也可使人显得聪慧、文雅（图4-29）。

图4-29

③中年时期。中年人多选择整洁、文雅、大方、线条柔和的发型，根据自己的特点纠正自身某方面的不足，可起到保持青春的作用。这个时期宜梳短发，不留前额刘海或留少许刘海，体现大方、文静的感觉。烫发适合采用全烫，发丝宜往上、往后梳理，显得端庄美观。中年人不宜留披肩长发（图4-30）。

图4-30

④老年时期。老年人选择发型要注重庄重、整洁、简朴、大方。一般以短发式为主，不论头发已灰白或黑白参半，甚至全白，只要整齐、清洁，也一样有韵味（图4-31）。

图4-31

（2）发式与服装。发式与服装也必须协调，这样才能增添人的风采。服装造型是由轮廓、比例以及点、线、面组成的。同时，服装造型结构也会给人留下某种感觉，如挺括、收敛、笔直、飘逸等。发式设计要与服装设计融合，使二者形成和谐统一的效果。例如，以直线为主的职业套装，配合简洁、干练的短直发或束起的长发，会给人一种职场上精明能干的形象。相反，如果同样的着装配一头蓬松的大波浪长发，整体效果将会削弱。浪漫的女式裙装、裙褶、花边，面料柔软，如若配合长直发型，会更加妩媚，具有飘逸之感；如果搭配短发型，整体就不协调。

第三节　发型选择

一种发型在一个人的头上看起来漂亮，可是当另外一个人也做了同样的发型时，却可能会给人一种别扭的感觉；一种发型现在看起来很漂亮，可时间长了，也可能会让人觉得没有了最初的感觉。人总是想改变，尝试别的发型，并且总想走在时尚的前沿。现实生活中，我们能够辨认出每一个人，就是因为每个人的生理条件有区别，如五官、脸型、头型、身高、体型等。人们的这些生理条件是选择发型的主要因素，所以在设计发型时不要盲目从众（图4-32）。

图4-32

头发是人体的一部分，它的美饰效果影响人的整体美，所以在选择发型时不但要了解自己的生理条件，同时要根据自己的职业、爱好等社会因素，把握时尚脉搏，紧跟时代潮流。

一、发型与脸型的配合方法

发型与脸型的配合关键看对前额和脸颊两侧的处理，通常有三种办法：

1. 遮盖法

遮盖法主要利用头发组合成适当发型来弥补容貌、脸型上的不足，如用刘海来遮盖发际线过高的前额，用蓬松手法来遮盖两侧过宽的额角，用前额的高刘海使圆脸显出椭圆形等（图4-33）。

2. 衬托法

衬托法主要是将额前和两侧头发有意梳得蓬松点儿，以此来弥补脸型的不足。如果脸型过长，就可使两侧头发蓬松来衬托，使脸型显圆；如果脖颈过长，则可用中长而又蓬松的头发来衬托，以分散人们对脖颈的注意力（图4-34）。

图4-33

图4-34

3. 填充法

填充法一般指借助假发片或某些装饰品来弥补头型和脸型的缺陷。如后脑部平凹，可将后部头发梳理蓬松。梳个发髻或加发夹之类的装饰物，都可起到填充作用（图4-35）。

二、不同脸型与发型的配合

每个人都希望拥有完美的脸型，除了整形、利用化妆技巧修饰外，改变发型可以说是最快、效果最好的方法。但是，不同的脸型的修饰重点和技巧又有所不同，按脸型可以分成长脸发型、圆脸发型等。发型选择应该根据自己的脸型来确定，而不是盲目追赶潮流看见哪款漂亮就剪哪款。发型设计与脸型搭配的重点，首先在于找出自己属于哪种脸型，然后再设计自己的发型，只有这样才能设计出最适合自己风格的发型，为魅力加分。

图4-35

1. 椭圆形脸

椭圆形脸是一种被普遍认可的标准脸型，发际线处额头宽度比面部颧骨处宽度稍窄，下颌处最窄，整个面部饱满，轮廓线圆润，形似一个倒立的鸡蛋。这种脸型一般情况下适合任何发型，如长发、短发、中长发等各种长度的发型，前卫、时尚、传统、古典等各种风格的发型，直发、卷发及刘海等各种变化的发型。但原则上发式不宜过分复杂，以自然简单为主，以免弄巧成拙，影响脸型的美观（图4-36）。

图4-36

2. 圆形脸（娃娃脸）

拥有这样脸型的人往往不怎么显老，脸部的外轮廓略圆，颧骨不突出，面部长度颌宽度基本相等，往往发际线偏低，额头饱满。圆形脸如若留短发，可在刘海部分用吹风机或者微烫技术处理，增加头部的高度，不过不要修饰得太高，以免显得夸张、不自然。若留长发，应利用直线条的发型削弱两侧的宽度，颈部不妨多留一些，可以改变脸型过圆的形象。圆脸型最好将额头露出，这样可以使脸型显椭圆形（图4-37）。

图4-37

3. 方形脸（国字脸）

方形脸即人们口中常说的国字脸。这种脸型的人，其额头、颧骨、下颌处横向宽度相当，额头和下颌处的转折明显，缺乏圆润感，显得略方。方形脸选择发型的原则一般是要制造出头部正面的椭圆形轮廓，掩饰脸部的转折，使之尽量呈现标准脸型。在选择发型时，避免留长而直的头发；避免显露全部额头，否则会使脸部显得略方，所以一般不需要在头顶做造型，平顺服帖即可。 设计发型时应将顶部头发压低，脸部两侧多留一些头发，尽量以稍微弯曲的刘海、头花遮住额头，使脸型轮廓有椭圆感。脸型较大时，可将长发卷曲成大波浪，把两侧面颊略微遮掩（图4-38）。

图4-38

4. 心形脸（瓜子脸）

这种脸型特点是额头宽而显得平，颧骨较高，下颌偏窄并且显得略尖，给人脸型偏小的感觉。需要把较宽的额头掩饰住，如果额头过宽，最好的方法是用刘海掩饰，所有能够掩饰额头的刘海款式都可以采用，但一定不要将耳朵以上和刘海处头发做成蓬松的卷发，两鬓处也不能加宽，这样只会强调额头的宽大。在头发长度的处理上，过肩比较合适，也可以把耳朵以下的头发烫卷，使发型富有层次和动感（图4-39）。

图4-39

5. 菱形脸（钻石脸）

菱形脸又称钻石脸或"申"字脸，颧骨突出形成面部最宽的中间区域，额头和下颌较窄形成尖下巴。这种脸型的人给人以成熟、冷酷的感觉，往往具有比较立体的五官。菱形脸的发型在处理时同样要把耳朵以上部分的头发做出体积感，可以通过烫发技巧来实现，往往做成大波浪，这样可以使头顶显圆。高颧骨要靠两侧的头发来掩饰，在颧骨处应该尽量让头发服帖一些，以免起到强化高颧骨的效果，头发应一直延伸到下颌，使下颌看起来也有一种扩张感。在分头缝时要偏分，会产生加宽额头的效果，菱形脸在选择发型时，整个外轮廓线应较柔和而不应过于清晰，在做波浪处理时也应缓和轻柔，不应做成过于明显的小卷（图4-40和图4-41）。

图4-40

图4-41

6. 梨形脸（贵妃脸）

梨形脸指脸的轮廓犹如梨子：上面小，下面大，呈三角形，即额头较窄，下颌较宽。这种脸型由于下颌过于宽大，在视觉上给人脸型较短的感觉，缺乏秀美之感。 要把“三角形”修饰成“椭圆形”就需要加宽“三角形”的顶角，掩饰“三角形”的下两角，同时增加高度。刘海的处理很重要，可以留得稍长一些，将较窄的额角遮盖住。总之，要尽量修正上小下大的三角形形象（图4-42和图4-43）。

图4-42

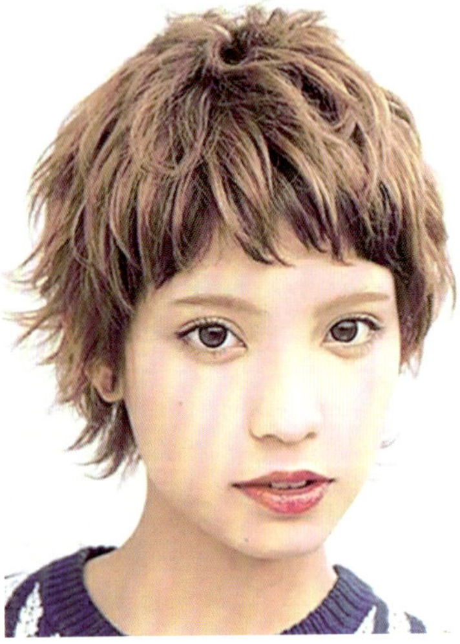

图4-43

7.长方形脸（马脸）

长方形脸即人们口中常说的马脸。这种脸型整体轮廓与方形脸类似，只是面部的纵向长度明显大于横向宽度，显得脸较长。因此，方形脸选择发型的原则对其同样适用。但需要注意，在选择发型时要强调的是脸的宽度而不是头部高度。此外，应避免将刘海高高梳起，否则会在露出较方额头的同时使脸显得更长（图4-44和图4-45）。

图4-44

图4-45

能力训练

1. 判断自己的发质，找到适合自己发质的护理方法，并应用到实践中。
2. 为自己和身边的人选择一款适合的发型，并绘制出相应的效果图。
3. 为自己设计三款发型。

第五章

配饰形象设计

知识目标

掌握头饰、颈饰、胸饰设计搭配要点。

能力目标

学生能够熟练掌握饰物的搭配技巧，灵活运用各类饰物进行形象设计。

第一节　配饰概述

在形象造型设计过程中，追求个性风格，已经成为当前形象造型设计师们灵感创造的重点。形象造型设计时，点缀一些精美的、独具一格的饰品，有时不仅能起到“画龙点睛”的作用，还可使人物形象更丰满。配饰的美感，来源于它的个性，也反映出人的气质、风度和修养。

现代饰物新颖、别致，无奇不有。一件精美的饰物，不仅能成为衣着的焦点，还能增添不少生活情趣（图5-1）。

配饰和形象造型协调美主要体现在以下四个方面：

（1）饰品的造型选择是以服装的造型为依据的，应求得与服装的造型整体而统一的艺术效果。

（2）从整体形象设计角度来讲，配饰的色彩应该是赏心悦目而又和谐统一的。如饰品的材料多为各种晶体结构的珍宝和金属，这些材料的折光力强，很容易受到不同光源的影响而变化，呈现出晶莹剔透的视觉效果，特别在强光下，往往无法辨认出它们的固有色。

图5-1

（3）一般形象造型中佩戴饰品不要超过三件，一两件比较自然，多了就会显得杂乱。日常穿戴中发式、发带应小巧淡雅，有了它们，眼镜、耳环、项链、胸针也可以不佩戴，最多再戴上手镯和戒指。戴了耳环，只需配上同系列的戒指和项链。有了眼镜，只需要加上一副小耳环和长项链。通常夏天以佩戴色彩鲜艳的玻璃、陶瓷、有机玻璃制成的串珠、别针、耳环等为宜。而天然或人造的宝石、珍珠、金银或金属饰物则以冬季佩戴为宜。

（4）脸型是选择耳环和头饰的依据。耳环对脸型能起到一种平衡作用，但佩戴不当往往会事与愿违。椭圆脸型适合任何一种式样的耳环，但其他脸型就不同了。如方脸型就应佩戴长形或花枝状的耳环；三角脸型可选择圆形的耳环；圆脸型其耳环应紧贴脸孔，且避免佩戴圆耳环，耳环的大小则应以与面部的大小成正比为宜。

其实，无论选佩什么样的饰品，都要注重与形象整体相协调，这样才能起到点缀的作用。

图5-2

第二节　头饰形象设计

头饰，指戴在头上的饰物。头饰有着悠久的历史，最早可追溯到青铜器时代。人类使用头饰已经历了很长时间，而且都和装饰有关。中国汉字“美”，其象形字就像一个戴着头饰的人，其头饰也许是一个羊头，有两只角，也许是两根长长的翎毛，因而有人说“美”字“像头上戴羽毛装饰物的舞人之形”。其实，这种情形在古代民族和现代少数民族中都可以经常见到。可以说，世界上所有的民族都有戴头饰的历史，而且都以不同的形式流传到现代。与其他部位的饰品相比，头饰装饰性最强，因而主要是女性佩戴，包括发饰、耳饰和帽子。古代女子的头饰大多华丽、精巧，也是美发的重要部分，如梳好的发髻要用花和宝钿花钗来装饰。宝钿花钗包括发簪、步摇、发钗和发钿（图5-2）。

形象造型设计中，单纯靠发式与化妆造型展现头部形象是远远不够的，还应搭配各种饰物，方能突出个性形象（图5-3至图5-5）。

图5-3

图5-4

图5-5

一、发饰的分类

发饰可以按材料、工艺、风格、装饰部位、用途等不同来进行分类。

1. 按用途划分

（1）发夹。主要有3~6 mm的顶夹（只夹一部分头发）和7~10 mm的发夹（可以把所有头发都夹住，主要用来盘发）（图5-6）。

图5-6

（2）发箍。又称头箍、发卡，有布料或塑料等材质，也称头环。

（3）头花。由花头和针梃两部分组成，是一种古代就有的装饰品，一直到现在依然广为流传。

（4）竖夹。又叫作香蕉夹，可以把头发竖起来夹住，固定得比较牢。

（5）皮筋。一种具有弹性的束发饰品。

（6）爪夹。又分边爪、全爪，与发夹作用基本相同。

（7）发插。也叫发梳，是类似于梳子的薄梳型发饰（图5-7）。

图5-7

（8）对夹。可分为单夹与对对夹，还可以细分为鸭嘴夹、BB夹、一字夹、青蛙夹、边夹。

（9）尖嘴夹。也有很多人称之为鳄鱼夹，多为盘发后装饰用，固定性不是很好。

（10）儿童发饰。即比较儿童化的发饰，可分为童绳和童夹。

（11）布夹。夹子下面有个网，作用是把头发兜在里面，多为工作用头饰（图5-8）。

图5-8

2. 按材质划分

发饰按材质可划分为合金烤漆类、合金水钻类、亚克力类。

（1）合金烤漆类。即金属类的饰品外层包裹有漆，加热烘干制成，色彩艳丽，光彩照人，同时不易掉漆。

（2）合金水钻类。又可以再分为两个小类：满钻与稀钻。这类发饰基本上不会烤漆。

（3）亚克力类。通俗说就是有机玻璃类饰品。

二、头饰的搭配

头饰直接影响面部美观，作用当然是不言而喻的。头饰的搭配除了要适合发型、脸型，还要符合整体搭配的风格（图5-9）。

橘色长裙搭配珍珠与宝石装饰的首饰套装可大展异域风情；简单的发型搭配华丽的配饰可让人变得美艳动人（图5-10）。

图5-9

图5-10

在头发上佩戴一个蝴蝶结头饰显得十分可爱，闪烁的宝石营造的立体感让整个人显得生动活泼（图5-11）。

中分长发配上细细的钻石发带，优雅之中带有一丝妩媚气息。一颗颗钻石在头发中若隐若现，使佩戴之人显得神秘而性感（图5-12）。

图5-11

图5-12

香奈儿将高级手工坊系列秀展主题定为“Paris-Bombay”（巴黎-孟买），设计师卡尔·拉格菲尔德（Karl Lagerfeld）从印度元素中获得启发，将东方的神秘与香奈儿的经典设计大胆融合在一起。彩妆创意总监彼得·菲利普（Peter Philips）则将传统印度风格与现代摇滚风味融合，设计了一款神秘又强势的浓黑烟熏妆（图5-13至图5-15）。

图5-13

图5-14

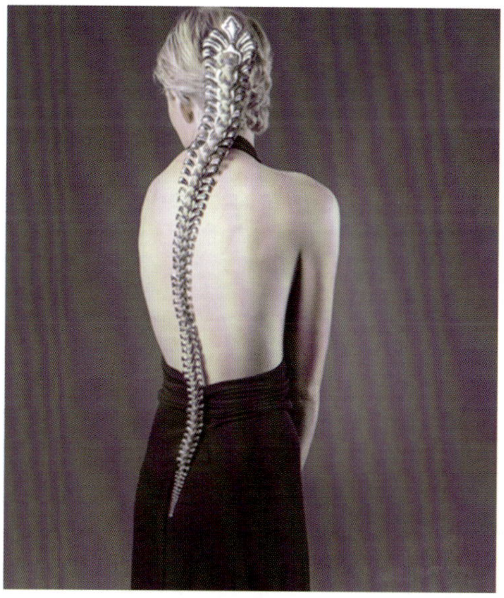

图5-15

第三节 颈饰形象设计

现代的颈饰指佩戴于脖颈的珠宝饰品，多用贵金属和宝石制作而成。选择适合自己的颈饰，有助于提升整体气质，放大自身的优点。

一、颈饰概述

颈饰有广义和狭义之分，广义的颈饰泛指人们佩戴在脖颈部位的一切装饰物，包括围巾、丝巾、领带、毛衣链、项链、吊坠等，涉及服装、饰品等分类，内容宽泛；狭义的颈饰单指佩戴于脖颈的珠宝饰品，包括项圈、项链、吊坠等，多用贵金属和宝石制作而成。日常生活中所谓的颈饰，多是指狭义的，单指饰品类（图5-16）。

图5-16

项圈的外形与项链很像，但它不像项链每个关节都可以活动，一般除了簧扣的搭边之外，几乎没有或只有一到两个可以活动的关节，因此又称硬项链。

吊坠是一种由贵金属镶宝石或不镶宝石制成的饰品，一般串在项链的中端，正垂于胸前。吊坠本身不单独成为一件首饰，而是作为带坠项链或项圈的配套产品存在。吊坠作为项链的一部分，能使单调的或形状变化较少的项链在整体结构和外形上有所创新，起到画龙点睛的作用。吊坠一般分为素金的纯金属类和镶宝石类两种款式。

项链主要由链身和搭扣两部分组成。链身既可以是一节一节单一的花纹链环重复连成，也可以由各种宝石和花片镶嵌而成。前者称为无宝链，后者称为花式链，它们多由贵金属铸造而成。搭扣则装在项链的两端，起到连接的作用，主要有弹簧夹、剪刀钩、S形钩、汇合圆等几种类型。

二、颈饰的搭配

很多女性在挑选颈饰时，通常只注重产品的材质与样式，而忽略了与自身脸型、气质的匹配效果。要知道，那些“看上去很美”的颈饰并不一定真正适合自己。配合脸型来挑选颈饰，往往可以达到“事半功倍”的效果（图5-17）。

图5-17

1. 标准“鹅蛋脸”型女士

标准“鹅蛋脸”型的女士可选择的吊坠款式比较广泛，但需注意不要选择过于成熟和夸张的样式。因为本身的脸型就已经很完美，再加上优秀气质的衬托，只需加以精致而小巧的点缀即可。例如，宝珑网的“爱琴海传说”，水滴形状的吊坠与标准的脸型产生呼应，依偎在迷人而优雅的颈间，完美地诠释了爱琴海的大气与浪漫（图5-18）。

图5-18

2. 方脸型女士

方脸型的女士切忌选择棱角分明的颈饰。可以选择单佩珍珠项链以减轻立体感，从而突出面部的圆润感，也可以选择圆滑的颈饰来增添面部的柔媚感觉。如吊坠“一只小蜜蜂”，能够帮助打造清新的气质和柔美的脸庞，凸显人的可爱娇媚（图5-19）。

图5-19

3. 长脸型女士

长脸型的女士尽量不要选择流线型的颈饰，避免产生进一步拉伸脸部线条的效果。可尝试选择圆形或心形的配饰，更能凸显高贵气质。当然，在挑选款式形状、进行珠宝定制时，还要注意宝石色彩的选择，以能搭配出绚丽的效果为宜（图5-20）。

图5-20

4. 圆脸型女士

圆脸型的女士应尽量避免选择过于粗重的项链和吊坠，以免给人以“头重脚轻”的感觉。可以尝试能够修饰脸颊与身材的流线型颈饰，让柔滑的颈饰垂坠于锁骨与胸部之间，打造柔美的脸型和典雅端庄的气质（图5-21）。

图5-21

三、颈饰的保养

颈饰是贴身佩戴的珠宝饰品，需要适当清洁和保养，有些禁忌之事，不可不知：

（1）忌把颈饰和化妆品混合放置，以免珠宝饰品沾染油脂类的化妆品，影响光泽。因此，化妆时，尽量不要佩戴颈饰。

（2）不要佩戴颈饰洗澡，也不要让珠宝饰品接触洗涤剂等物品。虽然贵金属不会“生锈”，但有可能发生氧化或与洗涤剂发生化学反应等，应该保证颈饰的光泽和品质。

（3）不要把颈饰放置在化学气体或者污染环境中。所有的珠宝饰品都特别容易沾染杀虫剂、喷雾剂，所以进入实验室不要佩戴颈饰。

（4）不要佩戴颈饰做剧烈运动或粗重活，一是避免珠宝饰品遭遇强烈撞击和摩擦，二是避免汗液中的脂肪酸、尿素等对珠宝饰品产生腐蚀作用。

（5）不要把多式样、不同材质的颈饰与其他珠宝饰品混合放置，否则坚硬的珠宝饰品会刮伤其他饰品。

（6）彩色宝石颈饰不要用水清洗。珍珠、土耳其宝石、猫眼石、珊瑚、琥珀等彩色宝石具有吸水性，如果使用清水洗涤会造成宝石龟裂（图5-22）。

图5-22

第四节　手饰形象设计

手饰是饰品的一种新的分类，即把饰品按人体佩戴的位置划分，将戴在手上的饰品称为手饰。手饰包括手镯、手链、戒指、扳指、指环、指甲扣等，本节重点讲述手饰品类中被人们最常佩戴的一种——戒指。

一、戒指的发展历史

戒指，又名手环。在古代的埃及、希腊、罗马等地，有的人在戒指上雕刻图案，用于在文书、法令上加盖印章，以显示自己的权力。有的人在戒指内侧刻上诗文、格言，把它和鲜花放在一起献给所爱的女孩。在有些国家和地区，戒指是表示订婚和恪守信约的凭证。我国妇女佩戴戒指，据说早在殷商末期就已开始。汉初就已有文字可稽查，宫廷中已开始盛行戴“指环”。“戒”字含“警”之意，当年宫廷中嫔妃戴它不是以此炫耀美丽，而是作为一种“避忌”的标志。相关典籍记载其是从西域传入的，故我国民间沿袭戒指在西域的用途，作为男女相爱、永结百年之好的信物。

二、戒指与手型

选择戒指，要和手型、指型相配合。修长的手指，适合戴稍宽的戒指，戒指上的饰物如是橄榄形等，会更增手的吸引力。如果手型丰满，那么戒指上的饰物最好是圆形、梨形和心形的。如果手指短粗，应尽量挑选有角或不规则的样式，镶有橄榄形、梨形和椭圆形饰物的戒指，会使手指看起来修长。

三、手饰搭配技巧

1. 层层堆叠

层层堆叠是让戒指戴得有型且最简单的方法，即把细版戒指成组戴在一个手指上，形成一种带了宽版戒指的错觉。如果喜欢闪亮的钻戒，可以把它们都集中戴在同一根手指上，其他手指佩戴款式较为朴素的戒指即可（图5-23至图5-25）。

图5-23

图5-24

图5-25

图5-26

图5-27

图5-28

2. 宝石魅力

色泽好看的宝石具有夺人眼球的魅力。佩戴一个较为低调的戒指来衬托宝石戒指的光彩，然后再混搭佩戴各种小戒指，可增加人的时髦度（图5-26至图5-28）。

3. 款式多变

戒指是追求时尚的人都爱佩戴的，把戒指佩戴在手指中间或者指尖的方式，可以混搭多种不同类型的戒指，让双手成为华丽丽的展览所（图5-29至图5-31）。

图5-29

图5-30

图5-31

4. 复古情怀

复古的戒指有着雕花的细节及镂空的线条，有巴洛克艺术之美，充满浓郁的宫廷风，典雅、大方、有型却又不失女性的柔美（图5-32和图5-33）。

图5-32

图5-33

5. 黄金年华

要想带很多金色戒指来增加华丽感，一定要慎选款式。如果是镶钻戒指，那最好不做混搭，以凸显黄金钻戒的魅力；如果混搭，应搭配同类型的戒指，以保持整个格调的魅力（图5-34至图5-37）。

图5-34

图5-35

图5-36

图5-37

第五节　胸饰形象设计

胸饰是现代社会中女性常佩戴的饰品之一。不同种类的胸饰有不同的含义，就像不同种类的花有不同的“花语”一样（图5-38和图5-39）。

图5-38

图5-39

近年来，服饰风格越来越个性化，胸饰种类也越来越多，在选择胸饰时，胸饰的风格应与个人整体形象协调一致，否则就会造成不伦不类的后果。

胸针是现代社会中女性常用的饰品之一，质地多为银制或白金制，镶以宝石。将其别在衣襟上，以彰显自己的美好身材或身份地位。女士用的胸针多佩戴于西装或大衣的驳领上，或插于羊毛衫、衬衣、裙装的前胸某一部位。佩戴一枚胸针，常可起到画龙点睛的效果，尤其当衣服的设计比较简单或颜色比较朴素时，别上一枚色彩鲜艳的胸针，就会立即使整套装扮活泼起来，并具有动感。目前流行的胸针可分为大型和小型两类。前者长度一般在5cm以上，图案较为复杂，大多镶有宝石；后者一般长2cm左右，花样也较为简单，多为独枝花朵或多边形的，还有采用十二生肖造型的。胸针的型制更是集各种习俗、情趣和时尚元素为一体，常见的就有兰花形、钻戒形、椭圆形、扇形、蝶形、乐器形、花叶形、元宝形和动物形等（图5-40至图5-42）。

图5-40

图5-41

图5-42

能力训练

进行市场调查，将最近流行的服饰配件收集整理，并绘制效果图，同时思考这些配件适合搭配什么样的风格。

第六章

形体形象设计

知识目标

1. 了解举止仪态的内容及作用。
2. 掌握生活社交礼仪的内容。

能力目标

1. 学生能够培养自己良好的风度和气质。
2. 学生能够掌握站、坐、行姿的技术要求。
3. 学生能够熟练塑造体态美，培养良好的仪表修养，进一步提升行业素质和美的意识。

著名国画大师刘海粟曾说过：“人体美乃美中之至美。”确实，世间美好的东西太多，但创造万物的人是最美的。爱美之心，人皆有之，社会需要美，人类更需要美。人体美是人们追求的目标之一。传世之作“断臂维纳斯”“大卫”等雕塑作品留给人们极深的印象，其根本原因是它们都体现了人体美。人体美是健、力、美三者的有机结合。形体美包含肌肉、骨骼的发育，机体的完善、人体的外形美及人的精神气质。

形体即人身体的形态，是指人在先天遗传和后天获得的基础上所表现出的身体形态上的相对稳定的特征，是包括人的表情、姿态和体型在内的外在形象的总和。先天遗传对形体起着决定性的作用，同时后天生活条件及科学训练也与形体有着密切的关系。后天科学的形体训练，可以使个人的优点得以凸显，不足得到弥补，从而使形体变得更美。

形体由体格、体型、姿态三个方面构成：

（1）体格。体格包括人的高度（身高、坐高等）、体重、围度、宽度、长度等。其中，身高主要反映骨骼生长发育情况；体重主要反映骨骼、肌肉、脂肪等重量的综合情况；胸围则反映胸廓的大小及胸部肌肉的生长发育状况。因而身高、体重及胸围是人体形态变化的三项基本指标。

（2）体型。体型是指身体各部分的比例，如上、下身长的比例，肩宽与身高的比例，各种围度之间的比例等。体型是否美主要取决于骨骼组成与肌肉的状况，取决于身体各部位发展的均衡与整体和谐状况。

（3）姿态。姿态是指人坐、立、行等各种基本活动的姿势。人体的姿势是通过脊柱弯曲的程度，四肢和手、足及头的部位等来体现的。姿势的正确、优美，不仅能衬托、体现人的整体美，还能反映一个人的气质与精神风貌。

形体美是一种综合的美，它既包含了人体外表形状、轮廓的美，又包含了人体在各种活动中表现出来的体态美，即健壮体格、完美体型、优美姿态互相融合，从而展现出来的和谐的整体美。

第一节 举止仪态修饰

仪者，状貌之称也，即躯体之形与容貌之状；态者，情和状也，即外在之状与内在之质。仪态是一个人精神面貌的外观体现，是人的姿势、表情、风度的总称，是人体与形态、静与动相结合而给他人留下的综合印象。

仪态是人的社会礼仪的重要形象。强调形象设计中对仪态的修饰，是社会礼仪最基本的要求。

一、形体姿势的修饰

姿势是人仪态的重要组成部分，是指人体在空间中活动和变化的样式。优美的姿势并非天生，需要靠平时多加练习才能形成（图6-1）。

图6-1

狭义上认为形体训练是形体美训练；广义上则认为只要有形体动作的训练都可以叫作形体训练。形体训练主要通过舒展优美的舞蹈基础练习，塑造人们优美的体态，培养高雅的气质，纠正生活中不正确的姿态。

形体训练是以人体科学为基础的形体动作训练，是以改变练习者形体动作的原始状态、增强可塑性为目的的形体素质的基本训练，是以提高练习者形体的灵活性和艺术表现力为目的的形体技巧训练。它既注重外在美的训练，又注重内在美的情操培养。形体训练是一个有目的、有计划、有组织的改造过程。练习者在旋律优美的乐曲伴奏下，进行经常性的形体艺术训练，会使身心得到全面发展，不仅能获得健康美，还能获得体形美、姿态美和气质美，使形体更富有艺术魅力。

人体的基本姿态包括站姿、坐姿、走姿、蹲姿等，当这些基本姿态呈现在人们面前时，会给人不同的感觉，如身体形态端庄、挺拔与高雅，会给人以赏心悦目的美感。古语云：“站如松，坐如钟，行如风。”人们在日常工作和生活中的各种姿态正确与否，直接影响人们的工作和生活质量，良好的姿态展现的是个人的内在修养和综合素质。

二、姿态训练

1. 站姿训练

站姿是人的静态造型动作，优美、典雅的站姿是发展人的不同动态美的基础和起点。优美的站姿能显示个人的自信，衬托出美好的气质和风度，并给他人留下美好的印象。

优美的站姿应该端庄大方、舒展得体。站立时，应保持身体直立，重心落于双脚，头正颈直，两臂自然下垂或在身体前或后交叉，双肩水平。

常见的几种站姿如下：

（1）垂手式。正步站姿，头正，肩平，胸挺直，腿并直，身体重心要支撑于脚掌上，从侧面看，头部、肩部、上体与下肢应保持在一条垂直线上（图6-2）。

（2）握手式。双脚八字步或丁字步站立，双手虎口相交叠放于腰际，拇指可以顶到肚脐处，手指伸直但不要外翘（图6-3）。

图6-2

图6-3

（3）背手式。双脚平行不超过肩宽，双手在背后腰际相握，左手握住右手手腕或右手握住左手手腕（图6-4）。

站姿训练时一般需要克服如下问题：

（1）是否有歪头、斜眼、缩脖、耸肩、塌腰、挺腹、屈腿的现象。

（2）是否有叉腰、两手抱胸或插入衣袋的现象。

图6-4

（3）是否有身体倚靠物体站立的现象。

（4）是否有身体歪斜、晃动或脚抖动的现象。

（5）是否面无表情，精神萎靡。

（6）是否身体僵硬，重心下沉等。

2. 坐姿训练

坐姿在日常社交生活中持续时间最长。“坐如钟”，即指要坐得稳重、端正。上体自然坐直，两腿自然弯曲，双脚平落地上并拢或交叠，双膝自然收拢。女性一般由椅子左边入座，再从椅子左边起身站立。两手分别放在膝上（女士双手可叠放在左膝或右膝上），双目平视，下颌微收，面带微笑。女士若穿裙装入座时应先背对着自己的座椅站立，右脚后撤，使右小腿确认椅子的位置，再整理裙摆，将裙子后提向前拢一下然后随势轻轻坐下，入座后两个膝盖一定要并起，双脚也要并齐。

常见的几种坐姿如下：

（1）并步。并步坐姿属于基本坐姿，抬头收颌，挺胸收肩，两臂自然弯曲，两手交叉叠放在偏左腿或偏右腿的地方，并靠近小腹部位，两膝并拢，小腿垂直于地面，两脚尖朝正前方（图6-5）。

图6-5

（2）侧点式。两小腿向右斜出，两膝并拢，右脚跟靠拢左脚内侧，右脚掌着地，左脚尖着地，头和身躯向右斜（图6-6）。

图6-6

（3）侧挂式。在侧点式坐姿基础上，右小腿后屈，脚绷直，脚掌内侧着地，左脚提起，用脚面贴住右脚踝，膝和小腿并拢，上身左转（图6-7）。

（4）重叠式。在并步坐姿基础上，腿向前，一条腿提起，腿窝落在另一条腿的膝关节上边（图6-8）。

常见的坐姿问题：

注意克服不良坐姿，如半躺半坐、前仰后倾、歪歪斜斜、两腿伸直跷起、腿过于分开、跷二郎腿、颤腿、将两手夹在双腿之间或垫在大腿下、用脚勾椅子腿等，这些不良的坐姿会给人以为人轻浮、不文雅、缺乏教养的印象（图6-9）。

图6-7

图6-8

图6-9

3. 走姿训练

“行如风”，即指行走要优雅、轻盈、有节奏感。保持身体正直，收腹挺腰，两眼平视前方，双臂放松垂在身体两侧自然摆动，摆臂与身体的夹角一般在10°～15°，脚尖微向外或向正前方伸出，跨步均匀，两脚之间相距约一只脚到一只半脚，步伐稳健，步履自然，有节奏感。起步时，身体微向前倾，身体重心落于前脚掌，行走中身体的重心要随着移动的脚步不断向前过渡，不要将重心停留在后脚，并注意在前脚着地和后脚离地时伸直膝部（图6-10）。

图6-10

常见的几种走姿问题：

避免走路时前俯、后仰或脚尖向外、向内呈“外八字”“内八字”步、步子太小或双手反背。人行走时标准步幅的确定还要考虑服装与年龄因素。行走时若左摇右晃、弯腰驼背、步履拖沓、叉腰、插兜、托肘等，破坏了行走的对称平衡及和谐，就会有失优雅风度。

4. 蹲姿训练

蹲姿在工作和生活中用得相对不多，但最容易出错。人们在拿取低处的物品或拾起落在地上的东西时，不妨使用下蹲和屈膝的动作，这样可以避免弯曲上身和撅起臀部，尤其是着裙装的女士下蹲时，稍不注意就会露出内衣，很不雅观。因此，应注意以下几点：

（1）下蹲拾物时，应自然、得体、大方，不遮遮掩掩。

（2）下蹲时，两腿合力支撑身体，避免滑倒。

（3）下蹲时，应使头、胸、膝关节在一个角度，使蹲姿优美。

（4）女士无论采用哪种蹲姿，都要将双腿靠紧，臀部向下。

常见的几种蹲姿如下：

（1）高低式蹲姿。这种蹲姿的要求是：下蹲时，双腿不并排在一起，而是左脚在前，右脚稍后。左脚应完全着地，小腿基本上垂直于地面；右脚则应脚掌着地，脚跟提起。此刻右膝低于左膝，右膝内侧可靠于左小腿的内侧，形成左膝高右膝低的姿态。臀部向下，基本上用右腿支撑身体（图6-11）。

图6-11

（2）交叉式蹲姿。交叉式蹲姿通常适用于女性，尤其是穿短裙的女性，它的特点是造型优美、典雅。基本特征是蹲下后双腿交叉在一起。这种蹲姿的要求是：下蹲时，右脚在前，左脚在后，右小腿垂直于地面，全脚着地，右腿在上，左腿在下，二者交叉重叠；左膝由后下方伸向右侧，左脚跟抬起，并且脚掌着地；两脚合力支撑身体；上身略向前倾，臀部朝下（图6-12）。

（3）半蹲式蹲姿。一般是在行走时临时采用。它的正式程度不及前两种蹲姿，在需要应急时采用。基本特征是身体半立半蹲。主要要求是在下蹲时，上身稍许弯下，但不要和下肢构成直角或锐角；臀部务必向下，而不是撅起；双膝略为弯曲，角度一般为钝角；身体的重心应放在一条腿上；两腿之间不要分开过大。

图6-12

（4）半跪式蹲姿。半跪式蹲姿双腿一蹲一跪，又称为单跪式蹲姿。它也是一种非正式蹲姿，多用在下蹲时间较长，或为了用力方便时。主要要求是在下蹲后，改为一腿单膝点地，臀部坐在脚跟上，以脚尖着地。另外一条腿应当全脚着地，小腿垂直于地面。双膝应同时向外，双腿应尽力靠拢（图6-13）。

图6-13

克服不良蹲姿应注意：

（1）不要突然下蹲。下蹲时，不要速度过快。尤其当自己在行进中需要下蹲时，要特别注意这一点。

（2）不要离人太近。在下蹲时，应和身边的人保持一定距离。和他人同时下蹲时，更不能忽略双方的距离，以防彼此“迎头相撞”或发生其他误会。

（3）不要方位失当。在他人身边下蹲时，最好是和他人侧身相向。正面他人或者背对他人下蹲，通常都是不礼貌的。

（4）下蹲时注意内衣“不可以露，不可以透”。若用右手捡东西，可以先走到东西的左边，右脚向后退半步后再蹲下来。脊背保持挺直，臀部一定要朝下，避免弯腰翘臀。男士两腿间可留有适当的缝隙，女士则要两腿并紧，穿旗袍或短裙时需更加留意，以免尴尬。

（5）不要蹲在凳子或椅子上。有些人有蹲在凳子或椅子上的习惯，但是在公共场合这么做的话，是不被接受的。

总之，下蹲时一定不要有弯腰、臀部向后撅起的动作；切忌两腿叉开、两腿展开平衡下蹲，以及下蹲时露出内衣等不雅的动作，以免影响美观。

第二节　生活社交礼仪

一、一般生活礼仪

礼仪可以理解为礼节和仪式，也可以理解为一种独特的习惯和品行。礼仪基本的理念在于尊重对方，不要给对方带来不便和麻烦，要让对方舒心。要想建立良好的人际关系，必须讲究礼仪，它是人们最为宝贵的财富。只有通过反复地练习礼仪，才能最终使之成为一种习惯。拥有美丽的心灵固然重要，但如果不通过外在形式表露出来，是很难被他人了解的。

日常生活中，人们为各自的愿望和目的相互接触，相互了解，彼此都需要有一个友好祥和的环境。日常礼仪除了个人仪表、仪态等方面的修饰外，还包括个人在日常生活中各种场合的礼仪规范。公共场合与探亲问候等各种日常活动中，应注意的一些行为规范，即可以称为一般礼仪或生活礼仪。

1. 问候礼仪

问候分为日常问候、节日问候和特殊问候三种类型。日常问候指亲朋好友在日常生活中相互致意，如“早上好”“一路顺风”等，既能体现自己善意的问候心境，也给别人以良好的祝愿。节日问候的方式依照具体情况可以有所不同，例如，我国的春节、元宵节、教师节等，打个电话或者发条短信、寄张贺卡等，都属于节日的美好祝福。特殊问候是指在婚、丧、嫁、娶等情况下，亲朋好友或熟识的人们之间相互致意。有了喜事，高兴地与人分享；有了不幸，亲友的问候会使人倍感温暖。

2. 尊重礼仪

人际交往中，尊重别人，才会受到别人的尊重。人与人是平等的，尊重别人就是尊重自己，相互尊重是一切交往的基础。上下级之间、朋友之间、夫妻之间、父子之间等，都应相互尊重、相互理解、相互信任。心理学研究表明，任何人在正常情况下，都有积极的、奋发向上的、自我肯定的潜力，所以，任何人都应该被别人理解和尊重。尊重别人，“以心换心”，以自己的真诚去善待别人，大家都这样，才能创造一个良好的氛围。

（1）自我形象修饰。对自我形象进行修饰是赢得别人尊重的前提和基础。一个邋遢的人、不知书达理的人是不会受到他人尊重的。不注重自我形象既会丑化自己，同时又是在贬低对方。只有懂得怎么尊重自己，不断修饰自己、完善自己的人才会受到他人的尊重。

（2）礼貌待人。礼貌是一个人在言谈举止和交往中体现出的对他人的尊重。满嘴粗话、行为下流既是不尊重自己，也是不尊重他人，并且会使他人有被侮辱的感觉。所以，每个人都应该规范自己的言行，礼貌对待他人。

（3）助人为乐、真诚善良。人与人交往，应真诚善良，助人为乐，尊师、敬老、爱幼，关心社会，关心他人，始终善待别人，尊重所有人，在助人中体现良好的道德品质。

二、一般社交礼仪

社会交往是现代生活的重要内容之一。一个人有无社会交往能力，是衡量一个人是否具有适应开放性生活能力的标志之一。在社交中，人与人之间的关系会发生相对的变化，即通过交往彼此可能成为朋友，其中的关键在于双方的信任和坦诚。一般社交礼仪主要有求职礼仪、工作礼仪、接待礼仪、用餐礼仪、旅行礼仪等（图6-14）。

图6-14

1. 求职礼仪

一个人求职成功与否，是与其自身的礼仪修养以及其对求职礼仪的实施情况密切相关的。求职是否能成功，关键在于自我介绍和面试过程中的表现，这个过程就是求职礼仪实施的具体过程，是自我推销的过程。在这一过程中，如何把自己的最佳形象展示给面试官，给他们留下良好的第一印象，是讲究求职礼仪的主要目的。那么在求职中人们怎样才能更好地推销自己呢？要做好以下几点：

（1）外表形象修饰。外表形象的修饰，要突出自身的个性、特点和妆容。注意不要打扮得过分浓艳，要根据职业选择合适的工作装，突出自己在未来职业中的形象（图6-15）。

图6-15

（2）自我介绍。应聘前，应做好充分准备，可以选择书面推荐，也可口述简历。自我介绍除了添加自己的学习简历、工作简历，还要重点介绍自己与应聘专业相关的学历和研究成果，突出自己的优势和特长。不仅如此，还要提出自己的见解，若不了解该行业或对该行业所知甚少，就应该实事求是，切忌过分吹嘘自己，夸夸其谈。口头自我介绍时间不宜太长，要切实坚定自己的信心，以简朴但给人强烈印象的语言流畅地表达。

（3）礼貌结束。面试结束时，应当及时起立，礼貌告别，面带微笑与人握手，表示感谢。还应表示这次面试收获很大，学习了很多知识，十分愉快。亦可询问如何等待面试结果，以表示自己对求得该份工作的诚意。

2. 工作礼仪

工作礼仪是人们在工作中应该共同遵守的行为规范。遵守工作礼仪既有利于彼此友善，互致方便，共同创造和谐融洽的工作环境，也有利于工作人员的身心健康，提高工作效率。

（1）握手礼仪。握手礼仪来源于古时的英格兰，盎格鲁-撒克逊民族的男人见面时伸出右手，表示自己没带武器，不会发生争斗以及愿意建立友好关系。

握手可以用来表示尊敬和亲密关系。在不同的场合下，应采取适当的握手方法。根据礼节，握手的礼仪顺序一般是先女性后男性、先年长后年少、先长辈后晚辈、先已婚后未婚、先上司后下属等。但是，国家元首、皇室成员、神职人员等人不受上述规则的约束（图6-16）。

图6-16

（2）交换名片礼仪。名片是个人身份的象征，因此交换名片时的礼仪非常重要。名片要保持干净整洁，数量必须充足。男性可以把名片放进西服或衬衫的上衣口袋内，女性则可以将名片放进手提包里。交换名片之前，首先应做简短的自我介绍，然后再递送名片。晚辈应该首先递给长辈，或者下级应首先递给上级（图6-17）。

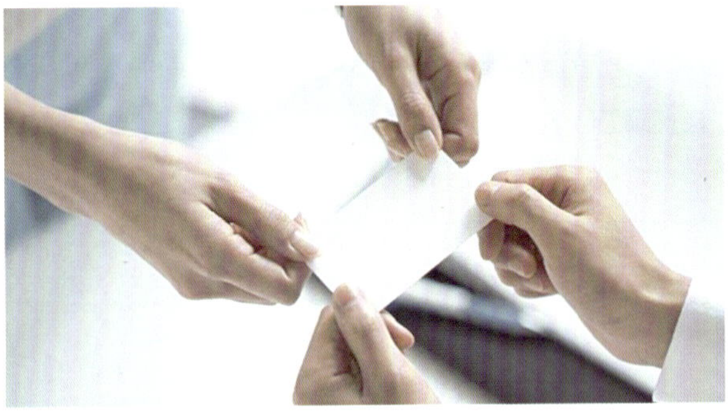

图6-17

3. 接待礼仪

社交交往中，接待工作相当频繁，不同规格和不同层次的接待工作有其不同的接待礼仪，但基本要求是一致的。

行礼是向对方敞开心扉的具体表现动作，包括欢迎、感谢、祝愿、关心、担忧等。行礼是人格的体现，也是人际关系初始阶段常使用的一种礼仪。因此，行礼要怀着真诚的心。如果行礼成为习惯，即便是那些平常缺乏自信且态度消极的人，也能变得开朗、积极起来。根据场合不同，行礼分为点头礼、普通礼、庄重礼三种。点头礼属于轻便的行礼，适用于经常碰面、在过道或室内狭窄地方相遇以及让别人等待等场合。普通礼属于一般的行礼。庄重礼用于迎接客人、致谢、道歉等场合，表达的含义更加庄重（图6-18）。

图6-18

正确的行礼方法：行礼时需要摆正姿势，注视对方的眼睛并面带微笑。同时，双腿立正，上身略向前倾45°~75°。身体自腰部开始倾斜，双手自然地放在裤子两侧。行礼时需要按照三个步骤进行：第一，弯腰；第二，在保持弯腰姿势约1秒时说“您好”；第三，行礼。根据场合的不同，有必要变换问候语。行礼时间最好保持在3秒钟左右。在晚辈行礼之后，长辈应该点头示意。

4. 用餐礼仪

用餐礼仪可以表现一个人的教养。在招待客人就餐或者被邀请就餐时，人们只需要花费一点精力练习用餐礼仪，就可以使自己在就餐时充满魅力。主人负责安排座席顺序，男性应该坐在女性的左侧，女主人应正对男主人，男女宾客应该交叉，夫妇也要分开坐。对于重要的宾客，应安排在主人右侧就座。就餐之前，不要摸头、摸脸或叉开腿。饭桌上的刀叉应按照从外到里的顺序使用。如果刀叉不慎掉到地上，应该让服务员来捡，并更换餐具。在就餐过程中，刀叉应成八字形摆放于碟子之上。用餐后，刀叉应整齐摆放好。吃饭时，不要把胳膊肘放在饭桌上，餐巾纸不能当作手帕，只能在擦嘴和手时使用。

在餐厅就餐，客人不要主动搬移餐具，而应按照服务员摆放的方式就餐，如果感觉放进嘴里的食物不妥，应尽量悄悄地离开餐桌，移步别处处理。如果需要离席，先说一句“不好意思，失陪一下”，再安静地离开（图6-19）。

图6-19

5. 旅行礼仪

随着国际化时代的到来，人们到国外旅行、留学的机会不断增多。不同的文化背景下，人们有着不同的行为习惯和价值观。因此，只有掌握所到之处的礼仪，才能与人进行良好的交流。

古谚语言“入乡随俗”，因此人们在前往他国之前，最好熟悉该国的风俗习惯，同时学会一些简单的当地话语（图6-20）。

图6-20

例如，在印度尼西亚，用手摸头被认为是侵犯灵魂安息地的不敬行为。在当地，人们习惯大解时用左手代替卫生纸，左手被认为是不干净的，因此在握手或递送物品时，务必使用右手。在利比亚，同样禁止触摸头部。在伊朗，游客不得携带半裸女性挂历和图画入境。在希腊，点头是表示“不”的意思，因此对话时要特别当心。在美国，付小费被认为是理所当然的，方法有点复杂，但一般只要遵循以下几个原则，问题就会迎刃而解：在自助餐厅和快餐店不需要付小费；在饭店，一般小费付消费额的15%；打出租车时付消费额10%~15%的小费较为合适；此外，可以给帮助你搬运行李的人1~2美元的小费；早晨出房间之前，应把1~2美元放在枕头上，这是给保洁员的小费。在加拿大，饮酒和吸烟均有指定的场所，购买酒类商品也需要前往指定的场所；出席正式场合或者前往高级饭店和剧场时必须身着正装。

社交不仅是有益的活动，同时也是一门艺术，需要多方面的修养和能力，需要懂得各种约定俗成的礼仪和社交中的道德原则，只有这样，社交活动才能向健康文明、益于身心、有利于社会进步的方向发展。

日常社交礼仪是国与国之间、民与民之间交往时最起码的礼貌与态度。讲究文明礼貌礼仪，反映的是一个国家精神文明和民族的修养层次。整体形象设计塑造与包装，也是衡量设计者道德水准高低和有无修养的尺度。因此，每一个人，特别是形象设计师，必须十分注重对礼貌礼节知识的学习。

备，整理好思绪，尽快做些必要的心理调整，了解交往的目的。然后在与人交谈时要大方且放松，随和并投入，要使自己尽快融入当时的氛围之中，专注于别人的谈吐，而自己要少说话。说话时要注意音质、声调、节奏和音量，吐字要清晰，面部表情要诚恳、友善，眼睛要表现得专注而有神，要率真自然，充满自信，举止文雅，表现得体。

（2）眉目传真情。眉目配合可向别人表达自己内心的情感，尤其是眼神，不仅能直接把人的内心情绪传达出来，而且能把人的深层心理情感通过目光的变化反映出来。不同眼神代表不同含义，炯炯有神的眼神，反映为人正直无私；坚毅的眼神，则预示着自强自信。恰到好处的眼神应当和善尊敬、真诚热情、明澈坦荡、炯炯有神。交往中运用眉目传情的技巧，可让他人对自己产生较好的印象（图6-25）。

图6-25

因此，表情是人心理活动的最灵敏的指标，是人情绪变化的透视墙，对人整体形象的塑造极其重要；并且是观察审视他人内心世界、了解他人心理活动或社交意图的重要标准。

能力训练

1. 形体训练的意义是什么？
2. 结合自己未来的职业岗位说明学习形体训练的必要性。
3. 请根据自己的形体特点，分析并改进形体上的不足。

考核项目	考核内容		分值	自评	小组评	实得分
站姿	1. 身体各部位的正确姿态	头部、颈部、面部	3			
		两肩、胸部	3			
		腰部、臀部	3			
		手位	3			
		两脚	3			
	2. 不同站姿的展示	垂手式	5			
		握手式	5			
		背手式	5			
	3. 靠墙顶书训练效果（持续3分钟）		5			
坐姿	1. 坐姿基本动作要领的展示		10			
	2. 脚的摆放方式（至少四种）		10			
	3. 入座后姿态的整体保持效果		10			
	4. 入座前、后的其他要求		5			

续表

考核项目	考核内容	分值	自评	小组评	实得分
走姿	1. 身体姿态	5			
	2. 跨步的均匀度	5			
	3. 手位摆动的情况	5			
	4. 根据音乐情景变换步态	5			
	5. 身体与手、脚的协调配合	5			
	6. 动态美感	5			

学习情境三 整体形象造型设计

第七章 服饰形象风格设计

知识目标

掌握服饰形象风格设计种类及定位特点。

能力目标

学生能够掌握人物形象造型风格表达方式，并能根据人物需求设计造型。

服饰形象体现一种社会文化，体现一个人的文化修养和审美情趣，它是一个人身份、气质、内在素质的表达。服饰是一门艺术，其所能传达的情感与意义甚至是不能用语言替代的。在不同场合，穿着得体、适度的人，能够给人留下良好的印象，而穿着不当，则会降低自身的身份，损害自身的形象。

服饰形象风格设计，首先要分析设计对象的基本需求，要知道他（她）较为详细的个人资料；然后进入初步构思阶段，充分发挥想象；之后进入形象完善设计阶段。从设计过程看，首先要研究个人形象的基本因素（身体条件、所处的环境等），再同设计对象进行交流，考虑其对自我形象的感受及生活目标，然后建构一个新的服饰形象，并在生活中与他人交流时感受社会公众对此新形象的态度，最后进行调整、修改，使之趋于完善。服饰形象风格设计的重点是强调人的内外形象的一致性，侧重于实用性。

一个文化层次或修养较高的人，能够根据自己的职业、情趣和爱好来选择适于不同场合和环境的服装，以充分表现自己的个性、气质和风貌；在多彩的服装潮流中，确立自己的穿着风格，以不变应万变。

第一节 现代服饰形象风格设计影响因素

一、生理因素

服饰形象风格设计要注意设计对象的生理因素，如性别、年龄、形体、五官等身体条件，即服饰要合乎设计对象的身体条件和五官特点，设计时要扬长避短，突出个性亮点，来达到形象的完美状态。服饰作为人的第二皮肤，不仅要适合社会文明的发展，还要适合人类审美的要求，更要适合人类穿着舒适的需求。人们会在不同的时期，根据不同的场合、接触的人群决定自己所穿着的服装，同时会满足自身的生理需求。有的人怕冷，到寒凉的地方，他就会选择能够御寒保暖的服装；有的人体型肥胖，他就乐于选择一些轻便、简洁、舒适的服装。人们的生活环境在不断变化，在不同的时期每个人的生理需求也不同，人们在选择服饰时不仅要考虑自身的需求，也要考虑符合环境场合的要求，尽量做到服饰与形象的统一。

首先，服饰形象应该与自己的年龄和谐统一。年长者、身份地位高者，选择服装款式不宜太新潮，款式应简单，而面料质地则应讲究些，与身份年龄相吻合。但随着时代的变化，社会对老年人也有了一种新的态度，只要符合着装规范和服饰礼仪，老年人追逐流行时尚、服饰个性，大家也不会对此加以非议和不满。青少年着装则应着重体现青春气息，以朴素、整洁为宜，清新、活泼最好。年轻人最容易受外界的影响，对于服装杂志、电视等媒介报道的流行趋势，最先接受的便是他们。他们总是不断地把时尚推向极端，他们的服饰形象往往带着鲜明的时代特征（图7-1）。

图7-1

其次，服饰形象应该与穿着者身形和谐。个人的身形特征和五官容貌是服饰形象设计的生理基础，形象设计是建立在个人基本要素设计基础之上的，个人的体型、脸型、五官对个人服饰形象的塑造有很大影响。着装应当符合自身的特点，要做到量体裁衣，服装尺寸要合体，要根据自己的身材、体型挑选。服装穿着要衬托出人体美，而不是要将缺点暴露给他人，要达到扬长避短的效果。服装色彩是整体美的重要因素之一，应与人体固有色默契配合。人的固有色是由皮肤、眼睛、头发的颜色组成的，世界上每个人的肤色、发色、眼睛的颜色都不尽相同。

二、心理因素

美国心理学家马斯洛提出了需求层次理论，将人的需求分为五个层次，依次为生理需求、安全需求、社交需求、尊重需求、自我实现需求。个人在进行服饰形象风格设计时，这五种需求是相互掺杂融合的。

形象设计是在设计美、塑造美，给人以最佳的审美感受。由于不同的时间、不同的地点、不同的目的，人的心理需求会有所不同，因此服饰形象风格设计应分析着装心理和行为需求，以便有针对性地进行形象定位。由于个体的年龄、生活背景、性格、文化氛围等方面存在差异，他们在进行服饰形象风格设计时的审美需求也不同。心理因素会更加直接和深入地影响人们的内心，引导人们对服饰形象的诉求，引导人们的行为、心理活动，指导人们的着装行为方式。不同性格特征的人有着不同的服饰需求，如传统女性，她们的性格往往比较保守，思维偏重于长期延续的习惯模式，她们对传统的东西会产生接纳保留的心态，对时尚与潮流往往持审慎的态度，对着装的选择也比较循规蹈矩，怕穿着稍微新潮一点儿的服装被别人说三道四。现代女性，她们的思维观念紧跟时代潮流，对时尚新潮具有浓厚的兴趣，她们以新为美，对新潮与时尚的服装会产生一种心理愉悦的感受。内向文静的女性，她们是典型的淑女，个性内敛不张扬，外表温文尔雅，具有女性的优雅之美，她们的着装往往与其性格一样，对薄、透、露的衣服持保守与不接受的态度。开放活泼型女性，她们大都是性格开朗、天性活泼的年轻女性，她们的服饰审美情趣呈现“新、奇、特、变”的特点，追求时尚与新潮，她们对衣着的选择大胆而随意，只要自己喜好，不管外界评说。

由此，注重心理因素，不断地满足人们的心理诉求，才能更好地实现服饰形象风格设计的目的。

三、社会因素

服饰的基础功能是用来遮丑和取暖的。随着社会的发展，人类文明程度的提高，人类运用自然智慧发现，探索和认识自然宇宙，可以将自然的美延伸到服饰设计、制造和着装上。服饰形象是一种自我行为艺术文化，它可以反映着装者的文化修养、精神面貌和物质条件，也可以反映着装者的生活状态和民族特征。同时，每一个人通过服饰所塑造出来的形象又是一种语言，它传递着很多个人信息，能够反映出穿着者的年龄、性别、工作类型、社会地位、生活品位，也能够表现出穿着者与自然、他人、生活和谐相处的外在表象。在社会生活中，良好的服饰形象能给他人呈现出一种良好的社会背景和能力，有时也是实现自我价值的体现。

在古今社会发展进程中，服饰所塑造的形象也体现出一种身份地位，包括人的政治地位和社会地位，使人恪守本分。因此，自古国君为政之道，服装是很重要的。在历史中，服装是政治的一部分，其重要性远超出服装在现代设计中的重要性。每个设计对象由于其社会背景不同，对服饰的理解也不同。与身份不同的人接触，也有不同的穿着技巧，既要配合自己的身份，也要配合对方的身份。与性格保守严肃的人接触，要穿颜色较低调、款式较保守的服装；与性格开朗的人接触，适宜穿颜色较鲜艳的衣服。在个人生活中，人所体现的形象以人本身的外表为基础，从人的性格与生活中的各个方面体现出来。在设计中，让设计对象的社会角色与服饰形象相匹配，才能散发出和谐的感觉。例如，布什的夫人劳拉·布什曾经做过图书管理员和教师，当时她的着装给人感觉既端庄又严肃，但后来成为总统夫人后，她的形象除了要给人以庄重感外还应具有亲和力，于是她对自己的服饰形象进行了重新定位，她的衣橱中多了不少鲜明的蓝色、绿色系服装。身为“第一夫人”的她，通过端庄的气质、文雅的举止、简洁明快的服饰给人留下了内贤外助、庄重不失亲和力的印象（图7-2）。

图7-2

四、个人因素

现代人的服饰越来越呈现出个性化的趋势。每一个人都具有自己的个性，因此在服饰形象风格设计上既要认同共性，又绝不能泯灭自己的个性。服饰形象应创造并保持自己独有的风格，在此前提下，某些方面也应与众不同。人的容貌、形体是千差万别的，人的性格与气质也是多种多样的，有的文雅、沉静、内向，有的活泼、开朗、豪爽等。服饰形象是表现个人风格的媒介，只要掌握自己的着装原则，根据自己的身份加以变化，便可以享受服装带来的满足感。

着装的个性化原则，主要指依个人的性格、年龄、身材、爱好、职业等要素着装，选择服装着重点在于展示所长，遮掩所短，显现独特的个性魅力。服饰形象风格设计是为了突出人的优点，因此，突出个性为最基本的原则。

有些人在着装选择上总是找不到方向，看见别人的服饰好看，就认为自己穿上也一定不错，可当穿在自己身上时，却并非如此。每个人都是一个独立的个体，每个人都希望自己以一个独立的个体被社会接纳与认可，因此在服饰形象的选择方面也应注重个性化。人的体态并不十全十美，但是“三分长相，七分打扮”，即在合理的着装上下些功夫，通过巧妙的服饰形象设计，依然可以使人的外表趋近完美。在着装时，人既要有自知之明，又要能体现个性风格，才能变得更美、更具魅力。

了解自己，明白自己的工作性质、家庭环境、生活水平、身材特点、性格特征、身体状况、修养水平等，才能选择适合自己的服饰形象。不盲目赶时髦，选择符合个人气质的服饰形象，才能展现自己的个性风采。

第二节　现代服饰形象风格种类

只要能够用肉眼看到的物体都是有“型”的。不同物体因为“型”的不同而产生不同的轮廓和量感，不同轮廓和量感的组合，又会给人以不同的“型”的联想。人体“型”的不同特征作用到人体的“型”可以形成不同的气质特征（图7-3）。不同气质特征用不同的形容词来描述，即个人的风格。如当一个人的人体“型”特征用甜美、天真、圆润来形容时，会被称为可爱风格。人们根据“型”的不同气质与特征，归纳出了不同的形容词，按“柔和”“强烈”“冷峻”“热烈”等将服饰“型”特征进行科学的、有规律的归类和划分，组成了既科学又实用的风格规律形容词组。

图7-3

一、经典服饰形象风格

经典服饰形象风格是指那些古典、传统的服装造型。造型大方有力，服装部件少而精，直线与弧线结合使用。它不受流行趋势影响，具有超越时代的价值和普遍性。此类服装在风格上应设计得略紧身。面料大多选择具有保暖功能的斜纹软呢和羊毛呢，而且以方格、具象花纹等样式为主。颜色选择上偏爱以褐色系为主的葡萄酒色、芥末绿色、深绿色等有内涵的颜色，选择同色系颜色进行服饰间的搭配。整体深色可与小面积的明亮冷色搭配。

1. 严肃职业场合

服装结构严谨，偏传统风格；色彩偏深或以单色、灰色居多；款式变化细微且大气，局部有精致的装饰，服装款式偏长。

2. 交流职业场合

款式上多一些亮丽变化；可在服装局部的某个色块上提亮；明显部位上点缀些装饰物，尽可能在一些较明显的部位展示曲线的魅力。

3. 运动休闲场合

直线偏中性，造型随意，且有运动感；部分色彩纯度较高，可做适当的对比（图7-4）。

图7-4

4. 时尚休闲场合

款式随意、大方、新颖；整体色彩偏中性，局部有亮点效果（图7-5）。

5. 日常交际场合

款式有新意，色彩较亮丽，但需要有压得住阵的主色彩；图案适中。

图7-5

图7-6

6. 社交礼仪场合

款式要明显体现出精致的特点，色彩浓重些、靓丽些（图7-6和图7-7）。

二、优雅服饰形象风格

优雅形象是既端庄高雅又富有品位的形象。在女装方面，以套装打扮的传统风格通常被认为是典型的优雅式风格，其中包括展现女性形体曲线美的优雅礼服。花边、褶皱、丝带等镶嵌物可表现女性的气质。可用丝绸、人造丝等有弹力、手感柔软和富有光泽的面料做成柔软的褶皱；以红色、紫红色、紫色作为服装主要颜色，用柔和的色调防止色泽间对比强烈。如果使用不鲜明的淡色调和亮色调，则更能表现形象的高雅感。配饰上，通常选择能凸显高贵的金色饰品、珍珠等。

1. 严肃职业场合

造型偏直，线条顺畅；色彩偏深且不突出；局部色彩倾向女人味，可选用色彩较亮的面料，但整体色彩宜偏深。

图7-7

2. 交流职业场合

款式可稍短些，体现较浓重的女人味；色彩明度较高，可选用偏暖的白色。

3. 运动休闲场合

款式造型较随意，但色彩上应保持优雅；也可选择优雅款式，例如选择白色。

4. 时尚休闲场合

造型随意；线条曲中带直，但不宜太直；运用纯度偏高且较亮的优雅色彩，服饰配件精致。

5. 日常交际场合

款式略短但不露，总体感觉亲切随意；色彩偏亮，纯度不宜过高。

6. 社交礼仪场合

典型的优雅装束，色彩偏亮，协调一致；色彩偏素，亦可用单色表现；图案适中，可略偏大，有飘逸感。

三、浪漫服饰风格

浪漫形象的基本含义是指女人般善良、温柔的形象；也指讨人喜欢、具有少女般浪漫品位的，甚至让人充满幻想的梦幻般的形象。不仅如此，它还指端庄贤淑，拥有女人般气质的形象。为了塑造女人纯洁、温顺的气质，整体形象需要具有刻画人体曲线美的形态特性。要表现出圆润的肩部、纤细的腰部、丰满的胸部等身体曲部，并用缎带或刺绣以及褶边、荷叶边、月牙边、丝带等细部装饰来凸显女性之美。浪漫服饰形象常以花纹图案装饰为主，主要面料有柔软光滑的针织品和丝绸、柔滑的纯棉或雪纺绸、天鹅绒等。色彩上常使用较多的柔和色和亮暖色。连身裙搭配暖和的毛衣或者夹克效果较好。夹克与裤子进行搭配时，可采用宽松且柔软的面料，并配以女性腰带或围巾，可使整体形象充满温柔感。配饰可以选择环形的耳环、闪闪发光的珠宝、小而精的手拿包、丝带装饰以及有亮点的鞋子。服装中主要使用轻柔面料搭配花形图案和水珠花纹，用粉色、黄色、紫色等柔和色调可着重表现甜美可爱的浪漫风格（图7-8）。

图7-8

四、前卫个性服饰风格

前卫个性服饰形象由个性要素强的设计或各种奇妙的设计构成，以前卫造型为主要内容。服装在形态、颜色、设计等方面超越常识，带有实验性，只有少数人喜欢。随着人们欲望的不断增加，前卫个性形象开始频频亮相，并越来越多地和其他服饰进行混合搭配。前卫个性服饰风格设计以“破坏”为目的，而与功能性不太相关。比如，将主要用于连衣裙的裁剪方法运用到夹克上，改变夹克的一般款式风格，或破坏、裁切改变服装原来结构，或者最大限度地改变夹克的大小。这类风格形象可以灵活地运用拼缝法，即把撕开的衣料进行缝补的方法，打破传统的搭配法则和着装习惯，塑造与传统风格截然相反的形象（图7-9）。

图7-9

能力训练

1. 浪漫形象设计的要点是什么？
2. 为你的妈妈设计一款休闲聚会的形象造型。

第八章

服装搭配形象设计

知识目标

掌握服装形象搭配的常用种类。

能力目标

依据人物服饰搭配塑造技巧及原则设计不同气质的造型。

20世纪70年代，服装杂志开始减少对规范化服装款式的介绍，而大幅增加对有关服装搭配技巧的介绍。70年代中后期，休闲类和多层式服装款式开始流行，从而构建出追求服饰、发型、化妆等整体搭配协调的概念。在现代“自我感觉良好即可”的服饰形象设计思考方式的影响下，各种服饰形象搭配风格如雨后春笋般出现。

第一节　服装搭配的原则

有人把服饰美总结为适体美、适时美、和谐美和装饰美。之所以强调适体美，是因为服装造型、大小对人形象的修饰非常重要，而这也正是我们在进行形象设计时的重点。所谓适体，即得体，也就是指服装的款式、规格、颜色、面料以及各部件均应合乎穿着者的体型、脸型、肤色、年龄以及场合，能够突出穿着者体态中优雅的一面，又能弥补和掩盖穿着者身材的不足和缺陷。一套得体的服装，能使穿着者整体显得靓丽且脱凡不俗，并能与内在气质、外部条件有机结合。在对整体形象进行设计的过程中，服饰的搭配与组合得体与否是决定整体形象塑造成败的重中之重。

一、视错法原则

视错即利用人们视觉中的错觉，巧妙地运用线条的分割、色彩的自然生理现象，来减弱或掩盖人形体上的不足。如一个人的身体通过线条的分割作用，可产生不同的视觉偏差。利用这种方法进行线条分割，既可丰富服装的款式造型，又可弥补人体比例上的不协调，从而达到审美和谐的视觉效果。常见的线条分割法有直线分割、斜线分割、弧线分割。直线分割给人以端庄、严肃、挺拔、秀美的感觉；斜线分割则产生轻快活泼的视觉效果；弧线分割则产生律动个性化的视觉效果。此外，还可以利用视错法来修饰常见的形体上的缺陷和不足（图8-1）。

图8-1

长与短似乎是人们讨论最多的话题，人们在评论一件衣服时常用长与短或大与小来形容。比如女性购买上衣时喜欢偏长的能盖臀盖半膝的款式，是因为较长的上衣能够在视觉上拉长穿着者的上身，显得更加苗条。由此可以看出服装的长短搭配是多么重要。人们总是按照心目中理想的完美形象去打扮自己，而实际中的人们肯定与理想化的自己有一点出入，比如肤色太黑、体型偏胖等。而服装的各种款式却能改变或者掩饰人们的一部分缺点，使人们达到或者接近心中的形象，给人以自信心。

例如，及踝长裙与仅有30 cm的短裙，两种裙子在长度上存在着不同，而这长短不仅体现在服装上，还体现在人体形象上。同样的人穿着，短裙给人以性感的感受，长裙给人以保守的感受。短裙能够在视觉上拉长穿着者的腿部线条，特别适合身材娇小的女性穿着。而长裙是高挑女性和腿部线条不太美观的女性的较佳选择（图8-2）。

图8-2

至于长与短怎么搭配，有以下几点需要注意：

（1）上长下短。上长下短是近几年最流行的款式搭配方法。女生喜欢上面的衣服能盖过臀部。以人体的黄金比例为准，上衣下摆位置可随人体黄金比例上下浮动。这种款式的优点在于：

①能够掩饰臀部过大的缺点。这里应该注意，这种款式只适合臀部过于后翘、圆润的女性，如果臀部后翘过度而且胯部过于宽大，则不适合。

②能够在视觉上形成错觉，让人显得苗条。这是因为人们在观察时往往处于一种无意识状态，会情不自禁地把视觉集中在人的上半身，会以头、上身、下身、脚，从上到下的顺序进行观察。其中对上身的观察面积占总体的50%～80%。

（2）上短下长。上短下长是前几年流行的款式，现在穿着叫复古（图8-3）。

图8-3

图8-4

上短下长的优点在于：

①突出下身的修长，在视觉上对腿部起拉长效果。对身材上长下短的人来说，这样的搭配能够起到一定的修饰作用。

②短小的上装能够突出胸部。对自己胸部不满意的女性，可以尝试选择这种着装款式，上装最好不要超过肚脐。

二、直接弥补法原则

采用弥补体型缺陷的方法搭配服装，即针对形体上的不足应用服饰搭配手段，如款式设计、色彩搭配、面料选择、裁剪工艺、辅料配合等进行重塑，以达到视觉上的审美标准。如肩窄的人可以加垫肩来衬肩宽；溜肩的人可以加厚垫肩；胸部欠丰满者可使用加厚定型文胸以加大胸围；身材矮小者可以穿高跟鞋增加高度等（图8-4）。

三、扬长避短法原则

扬长避短法是运用服装的款式设计、颜色搭配、面料使用以及服饰配件选择等，来突出自身体型、肤色等优势，把他人对自己的评判视线转移到优点上，从而削弱他人对自己体型上不足之处的注意力。例如，一个人个子矮小，但颈项优雅美丽，那么就可以通过佩戴一些精巧的项链来突显颈项线条，使他人的视线上移，这样既能使他人忽略其个子矮小的弱点，又突出了其身体中美的部分，从而达到扬长避短的视觉搭配效果（图8-5和图8-6）。

图8-5

图8-6

第二节　单品搭配

服装是形象设计中表现效果最为显著的部分。服装的轮廓、造型、色彩以及风格组成了设计的主题，是形象设计最为有力的表现语言之一。

单品在词典中的意思是指块、片、部分等，在服装领域里，则是指夹克、外套、裤子、衬衫、裙子、连衣裙等服装。单品服装搭配的要领在于既要简单又要追求变化，让服装依据人的个性展现出不同的美。

一、裙子

裙子在女装中占据着极其重要的地位，裙子款式变化无穷，归纳起来大致有几个重要的变化因素：长度变化、裙摆大小变化、褶皱变化和分割变化。将以上几个因素相互组合，就能产生各式各样的裙子款式。如超短裙，亦称迷你裙。英国服装设计师玛丽·奎恩特根据古希腊壁画、雕塑中女性束腰上衣的造型，创造出超短裙的样式，受到青年女性的喜爱。超短裙与迷你裤的搭配使得这种服装更具有实用性，活动自如、短而不露，充分展示了女性的曲线美。因超短裙风格活泼，适宜与随意的休闲服饰搭配，能够表现轻快、自由的着装效果。

连衣裙是上衣和裙子的结合体，它不但能尽显女性特有的恬静和妩媚，而且穿着便捷、舒适。连衣裙也可与西装外套等搭配，以提高使用率。连衣裙的造型丰富多彩，有前开襟的、后开襟的，有全开襟的、半开襟的，有紧身的、宽松的，有喇叭形的、三角形的、倒三角形的，有无领的、尖领的、圆领的，有超短的、过膝的、拖地的等，它们为各种身材的女性在不同场合穿着提供了大量的选择（图8-7）。

图8-7

穿着连衣裙时款式应以个人爱好、流行时尚而定，但在交际场合，应以大方典雅为宜。单色连衣裙在大多数场合效果都很好，点、线、格等图案的连衣裙图案也要力求简洁。穿连衣裙要注意：一是避免受时髦潮流的影响，穿得过于流行或趋于怪异，会显得俗不可耐或荒诞不经；二是忌不顾及环境，穿着过低领口的、过紧的、面料过透的连衣裙，极不雅观。

连衣裙也是最能显示女性形体美的一种服饰，其应用非常广泛，无论是休闲、工作还是在社交场合等，都能看到其身影。穿着者的年龄也不会受到限制，而且其造型也可以充分掩盖穿着者体型上的缺陷。

二、衬衫

衬衫是穿在内衣外面的以软料为主的上衣，有外装化的意味。女衬衫款式变化很多，与其他服装搭配的余地很大，可以单独穿，也可以与套装搭配穿。女衬衫按穿着方式可分为内衣型衬衫、外衣型衬衫两种。穿在套装上衣内的衬衫，主要考虑颜色的搭配，除了白色外，其他色彩只要不过于鲜艳，并且与所穿套装的色彩不相互排斥，均可用作衬衫的色彩，不过，还是以单色为最佳之选。应使衬衫的颜色和外套色彩互相般配，要么外深内浅，要么外浅内深，形成对比。面料上主要追求轻薄而柔软，如真丝、麻纱、府绸、罗布、涤棉等，都可以用作其面料。实际穿着时，在领部还可搭配丝巾、领结及其他配饰，体现整体形象的独特魅力。但应该注意简练、精致，切不可过于繁杂与花哨（图8-8）。

图8-8

三、套装上衣

套装上衣是以西装为基本型变化的服装款式，主要分为西装和女士套装。

1. 西装

西装的特点是贴身合体，穿着效果挺括、端庄、高雅，适用范围广泛。西装可以通过领子、驳头、口袋、肩部、纽扣以及造型等方面的变化而派生出多种款式。例如，口袋有明袋、盖袋、单嵌线袋、双嵌线袋等；下摆有直摆和圆摆（图8-9）。

2. 女士套装

女士套装是从西装演变而来的女性时装，有两件套和三件套之分。下装可搭配裙子，也可搭配裤子，式样随流行趋势而不断改变（图8-10）。上下装材料一般为同样的面料，也有采用不同面料相配合的。套装通常有三种类型：一种是造型严谨，面料考究，款式变化较为传统，适合上班族穿着的套装；另一种是与时尚、前卫潮流紧密相连，质地一般，注重穿着效果，适用于交际、娱乐穿着的套装；还有一种是颇为随意的套装类型，上装亦可搭配背心或毛织物等，适用于休闲活动穿着的套装。

随着人们生活质量、审美能力的提高以及个性化的追求，人们已经不拘于传统套装的约束，所以时装化的各式上衣应运而生，这为人们在形象设计中进行各类服饰搭配提供了更多的选择。

四、裤子

现代女性常常以着裤装的形象出现在公众面前，这昭示着女性的独立与解放。现代女性不仅爱着裤装，也懂得裤装是最能掩盖体型缺陷的服饰，可以使不完美的体型在有型的裤装里显得挺拔、娇美。裤装因长度不同，可以分为短裤、中短裤、七分裤、九分裤、长裤等；根据腰位高低不同，可以分为高腰裤、中腰裤、低腰裤等；根据裤筒形状不同，可以分为直筒裤、喇叭裤、锥形裤等。

在选择裤子搭配时，要注意不同裤型的特点和功能。比如，喇叭裤是一种裤脚张开的长裤，特点是裤腰、臀部以及大腿部位十分合体、贴身，从膝盖以下至裤脚逐渐张开，形似喇叭。在穿着时，裤长一定要至脚跟处，整体着装造型沉稳、修长，似雕塑之感，通常上

图8-9

图8-10

身适宜搭配紧身服装，与喇叭裤形成对比，可以表现出活泼、随意的形象风格（图8-11）。

图8-11

图8-12

第三节 交叉搭配

交叉搭配是指把相反的设计、面料、色彩、风格等要素进行搭配，这是一种令人惊奇、追求新颖的搭配方法。这种搭配方法脱离了大众思维，把截然相反的服装款式或风格进行组合，使异样感带来的震撼感升华为美感，从而营造出新颖的感觉。年轻人把此作为展示自我个性的表现方法，并进行了充分利用。它超出了以往的常识和框架，展现出异样美，起到了清凉剂般的作用。

一、不同风格服饰的交叉搭配

不同风格服饰的交叉搭配被认为是一种象征个性化美感的搭配方法，包括浪漫与动感的搭配、都市化与田园化的搭配、民族服装与异国风格的结合、不同用途服装之间的搭配、传统与革新的调和等。如休闲裤搭配塔士多或燕尾服等礼服上衣，就是一种不同用途服装之间进行的交叉搭配。展现女性美的雪纺绸连衣裙搭配军服式上衣或分身式夹克，则是一种相反服装风格之间的交叉搭配（图8-12）。

二、不同款式造型服饰的交叉搭配

不同款式造型服饰的交叉搭配主要通过轮廓的对照得以表现，包括上半身和下半身的量感对照。如紧身裤搭配宽松的箱型T恤，或者紧身直筒裙配女式齐腰短上衣。与此相反，紧身T恤上衣搭配宽松的街舞裤或褶裙，也会带来不凡的效果。

三、不同色彩服饰的交叉搭配

不同色彩服饰的交叉搭配主要是指使用常规视觉难以接受的配色，追求一种意外的美感，如冷色系的浅色调和暖色系的深色调、鲜色调和深色调等多种色彩之间的搭配，都是强调异样感的色彩搭配方案（图8-13）。

四、不同面料服饰的交叉搭配

不同面料服饰的交叉搭配是指利用完全不相匹配的面料所进行的服装搭配，能创造出一种新颖的美感。如有光泽的裤子搭配针织衫，坚硬的牛仔裤搭配柔美的花边雪纺罩衫，或者坚硬的皮夹克搭配柔和、闪亮的长纱裙等。现代社会冷暖设备技术趋于完善，因此人们对在不同季节穿着用不同面料制作的服装的意识已经逐渐淡薄，不同面料的交叉搭配也不再受季节变化的影响，成为多样服装搭配设计的主要表现形式（图8-14）。

图8-13

图8-14

第四节　个性化搭配

成熟的着装者除了应用服装的基本功能之外，还能够通过服装来达到表现自我的目的。服装也是一种语言，能够表达出自己的思想观念，表达出自己的品位，表达出自己的个性气质特征甚至追求和理想。

一、个性化搭配概念

个性搭配，既可以完整展现个人的气质，又可以吸引异性的目光。个性服装搭配，是贴心打造的最适合的服装造型，可充分发挥自己的个性魅力。个性搭配是指把出自著名设计师之手，具有独特商品性格特征的服饰进行完整搭配的表达方式。能够给人留下深刻印象，不论是设计师还是知名人士，原因只有一个——他们创造了自己的服饰风格。一个人应该有自己的审美品位，不能被千变万化的潮流左右。加入时尚元素，融合个人品位、气质、涵养、风格的穿着才会体现个性美，而展示个性是穿衣搭配的最高境界（图8-15和图8-16）。

图8-15

个性化的造型原则要符合社交场合中树立个人形象的要求。人人都希望自己以一个独立的、唯一的个体被社会接纳与承认，而个性化的服饰造型就可以实现人们的这个目标。

图8-16

二、个性化搭配注意事项

（1）不要过于盲目地追赶时髦，最时髦、最流行的往往也是最没有生命力的。

（2）要穿出自己的个性风格特点。俗话说，世间没有两片完全一样的叶子，不同的人年龄、性格、职业及文化素养有所区别，自然就会具有不同的内在气质。因此，服饰整体造型设计应符合个人气质要求，更要通过服饰设计来进行个性化的表达。

三、个性化搭配方案

丝袜一直是女性装扮的辅助道具，而现在的丝袜造型也越来越时髦。花纹、网格、图案……各种款式层出不穷，穿上后会让女性整体打扮瞬间亮眼起来。

波普风格服饰造型搭配一直以来因被人们推崇、喜爱而流行（图8-17），这种追求大众化、通俗趣味的流行元素，看似简单，驾驭起来却并非易事。如选择一件波普艺术造型图案的印花T恤，搭配破洞牛仔裤，能为着装者的造型增添时尚趣味。当然，别忘了搭配亮色高跟鞋与廓形手提包。

图8-17

穿着波普风格印花大衣，轻而易举就能成为人群中的焦点（图8-18）。搭配一款个性太阳镜，会更加时髦。

图8-18

能力训练

1. 请为某女生休闲逛街进行整体的服饰形象设计。
2. 请为艺术学院的女大学生设计校园服饰形象。

第九章

学习情境四
T.P.O.形象造型设计策划

职业形象造型设计

知识目标

1. 掌握职业形象造型设计要点。
2. 掌握职业形象造型设计分类。

能力目标

学生能熟练对职业社交场合中的人物进行整体形象造型设计。

职业形象造型设计，就是根据从业者的职业要求、行业整体形象要求和个体特征，运用多种科学理论、方法和技术对其职业形象的各要素进行系统的设计和开发，并进行训练的过程。

当你在一个特定时间里，由于一个特定的事情或需要，出现在一个特定的地点或场合时，你的外表形象本身就是一种无声的语言，在你开口说话前，它就已向周围人介绍了你的身份、社会地位、艺术倾向、文化修养、个性气质及审美情趣等。这一无声的语言，包括你的服饰发型、面部妆容、体型姿态、举手投足、社交礼仪、气质风度等。T.P.O.原则是用于服装设计和饰物选择的一个通用原则，即人们的服饰设计一定要与时间、地点、目的相适宜。

现代生活中，每个人都不可能离开其他人而独立存在，每个人每天都要不停地与人交往，扮演不同的角色。对于初次和你见面的人来说：你的“着装”将是你呈现给他的第一张名片。就算你学富五车、风趣幽默或温柔善良，都不可能在短时间内让他人了解，而得体、自信的着装却能在瞬间给对方留下一个良好的第一印象，因此正确的着装就能让人们在特定的时间（time）、地点（place）、场合（occasion）中达到美化自身，与他人和谐相处，并获得良好的人际关系的目的（图9-1）。

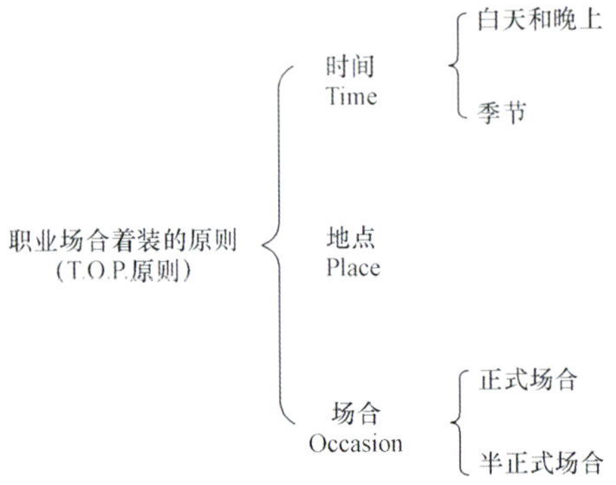

图9-1

第一节 职业形象造型设计要点

一、和谐的整体形象塑造

要打造一个和谐的职业形象，要从以下几个方面来考虑：

（1）发型和妆容造型是职业形象的重中之重。职业女性化妆应遵循自然、协调的原则。妆容颜色和造型的选择应与服装色彩、款式相呼应。

（2）着装与体型要匹配，衣服款式与个人风格要一致。个人应找到合适的衣服造型款式，穿属于自己风格的服装，更好地展示个人风格，突出个性（图9-2）。

图9-2

（3）色彩、明暗适宜。选择的色彩要能体现职业特点，衬托肤色。最适宜公务场合穿着的服装颜色是灰、深蓝、驼黄、黑、铁灰、深褐、深黄、深红、白色、米色等中性色彩。

（4）遵循黄金分割法则，调整好着装轮廓线。轮廓是由身体的内在骨架和外在服装修饰决定的，外在的轮廓靠服装外型塑造。较好地运用服装分割线能扬长避短、突出形体线条、塑造服饰形象整体美感（图9-3）。

图9-3

（5）服饰搭配决定职业形象的成败。搭配包括鞋、包、帽、丝巾、饰品等服饰配件。正确的搭配能起到画龙点睛的作用，错误的搭配则会让个人形象塑造前功尽弃。男士在职业场合佩戴领带选用的最佳颜色是暗红色、灰色、蓝色。女士可以适度选用一些首饰作为装饰物，但切勿选用过于花哨的装饰物（图9-4）。

图9-4

（6）注重服装品质的选择，讲究服装面料质地和花纹。服装是人的第二皮肤，也是个人形象招牌，优良的服装品质有助于营造高雅的服装品位。良好的服饰形象讲究精良的面料、完美的版型、合体的裁剪、精湛的工艺。服饰品牌的附加值大小，都将体现着装者的身份（图9-5）。

图9-5

二、错误的整体形象塑造

1. 过分暴露的形象

旧时代的女性着装的动机较单纯，其目的无非只是想获得他人的赞美，或是增加对异性的吸引力。在讲求男女平等的时代里，女性向往与男性平等竞争，简单追求外表的吸引力，已不能满足这些职业女性的着装要求。女性竞争者在着装方面必须更具道德魅力、审美魅力、知识魅力及行为规范魅力，使服装无形中为协调人际关系、提高工作效率、增加职位升迁机会起到良好的作用。在职场形象设计中，突出女人性感的服装是削弱信任和降低职业化程度的第一杀手。加拿大形象设计师海伦·布朗杰认为：“裙子越短，权利越小。领口越低，权利越小。”职业化的着装一切都是本着“适中”的原则。不合时宜的性感会毁坏女性的权威和可信的形象，过分的性感是商业会晤和事业成功的杀手。女性的着装反映了一个女性的能力，在成功的职业形象造型设计中，应该是“为了成功而穿着”，而不是为了性感、时尚而着装（图9-6）。

图9-6

2. 过分潇洒的形象

过分潇洒是形容服饰形象过分邋遢或随便，如将休闲场合的服饰穿入公务场合。最典型的装扮就是一件随随便便的T恤或罩衫，配上一条泛白的牛仔裤，丝毫不顾及办公室的规矩和体制；服饰形象设计得太随意或太过休闲（图9-7）。

图9-7

3. 过于时髦的形象

现代人热爱流行的时装是很正常的。但有些职场的人几近盲目地追求时髦，完全不顾及周围环境，是十分不妥的。一个成功的职场人员对于流行的选择必须有正确的判断力。因而在职业场合不要盲目地追求时尚。如果时尚与个人权威和可信度相冲突，请选择保守与权威、有可信度的服装（图9-8）。

4. 服饰色彩过于繁杂的形象

职业服饰形象的色彩不能太杂，应以素色、中性色彩为主，整体着装颜色不应超过三种。花哨、闪亮的服饰是职业形象塑造所忌用的（图9-9）。

图9-8

图9-9

5. 过分可爱的形象

在服装市场上有许多可爱俏丽的款式，但不适合在工作中穿着。很多女性都喜爱淑女、可爱的服装，但是这类服装若出现在企事业各部门主管人员身上就显得不伦不类了。可爱型的服饰形象会给人以不成熟、不稳重的感觉（图9-10）。

图9-10

第二节 职业形象造型设计分类

一、现代简约造型设计

现代简约造型的特色是将设计的元素简化，但对色彩、材料的质感要求很高。现代简约型服饰形象的表达非常含蓄，往往能达到以少胜多、以简胜繁的效果。而现代人快节奏、高频率、满负荷的工作和生活状态，已到了无以复加的地步，人们渴望得到一种能彻底放松、以简洁和纯净来调节、转换精神的空间，这是人们在互补意识支配下，所产生的追求简单和自然的心理。

现代简约造型的服饰风格以都市化感性和高科技氛围为中心，追求富有探索进取心的干练形象。在服装领域，追求反对浪费的简约风格，把突出表现现代都市气质作为主要特征。在服装造型上，整体搭配要简洁，尽量消除柔和感和强装饰性。颜色以白色、黑色、灰色等为基调，偏向有强烈色彩对比和明暗对比的配色。采用沿水平、垂直、倾斜等方向的结构线，力求达到服装的适体性。现代简约外观风格既不是正统的，也不是前卫极端的，它所要表达的是一种对现代文明的多面意识与感受（图9-11）。

图9-11

现代简约造型形象特征：

款式：服装造型简约，剪裁合体，搭配具有时尚感。

颜色：无彩色系列搭配有彩色系列，配色简单。

面料：精梳羊毛、纯棉、蚕丝、混纺面料、化纤面料等。

饰品：造型精致的耳环、项链、手表、小手包等。

适合人群：白领，教师，科研机构、企事业单位行政人员。

二、庄重典雅造型设计

在女性着装方面，服装颜色要沉稳、丰富，以白色、灰色、米白色、宝蓝色、深紫色为主（图9-12），并用柔和的色调防止色泽间对比强烈。饰品上通常选择能凸显高贵的金饰品、珍珠等。男性庄重典雅型服饰形象给人以高雅、稳重感，款式承袭传统造型，多选择裁剪得体的西服套装，面料质地优良，多选择精美纯毛料或是毛与丝的合成材料。颜色选择上以深灰、深蓝、灰色、褐棕灰、灰褐、酒红等有深度的颜色为主，多用同一色、相邻色系列服饰进行自然搭配。这种外观给人以成熟稳重、诚信可靠的印象，也是智慧、理性与权威的象征。

图9-12

庄重典雅造型形象特征：

款式：服装造型典雅、款式传统经典，以条纹、方格、暗色具象花纹为主。

颜色：灰色、褐色系为主的葡萄酒色、深绿色、藏青色、藏蓝色、黑色等有深度的颜色。

面料：羊毛、斜纹软呢、丝绸、雪纺纱等。

饰品：造型精致的胸针、耳环、项链、手表等。

适宜人群：商界高层、IT行业、政界、高校教师、企事业单位管理人员等。

三、柔和可爱造型设计

柔和可爱造型形象是指反映出职业女性善良、温柔、端庄贤淑的装扮，配合个人风格通过大量使用花卉图案、抽纱褶皱、线型分割、荷叶花边、纱质面料以及柔和淡雅的色彩，强化女性至善、至美、至真的特质和文静纤弱的气质特征。整体形象需要具有刻画人体曲线美的形态特性，表现出圆润的肩线、纤细的腰部、丰满的胸部等身体曲线，并以细节部分装饰来凸显女性之美。柔和可爱造型形象颜色上较多使用柔和色和亮暖色，充满温柔感，饰品上搭配一些环形耳环、闪闪发光的珠宝、小款手提包、丝带装饰以及有亮点的鞋子（图9-13）。

图9-13

柔和可爱造型形象特征：

款式：花形图案，具象花纹。

颜色：柔和色调和亮暖色。

饰品：环形耳环、闪闪发光的珠宝、小款手提包、丝带装饰以及有亮点的鞋子等。

适宜人群：教育界、医疗界、文艺界、服务行业、时尚行业等人士。

四、制服风格造型设计

制服造型风格是国际化职业服饰特定范围中的风格理念阐述，是在国际服饰着装礼仪、禁忌以及相关国际标准参考下，对服饰形象进行的风格定位。制服风格的职业服饰形象有着统一的符号语言，通常在同款、同色、同料的设计中变幻出系列的延伸设计，这样易于创造出系统化且具有标识作用的服饰造型形象。上衣、裤类为典型的男套装着装方式，同时也适用于职业女套装。上衣和裤装通常使用统一的色彩。搭配方式有衬衫、裤装、制服套装、马甲、西服套装等（图9-14）。

图9-14

制服风格造型形象特征：

款式：有暗格、格子等具象花纹。

颜色：服装颜色多种多样，多以纯色为主。

面料：羊毛、天鹅绒、斜纹软呢、混纺面料、化纤面料等。

饰品：领结、领巾、领带、丝巾、腰带等。

适宜人群：公务员，企业管理人员，空乘人员，金融业、服务行业特定职业岗位的人群在执行公务及特定工作环境中穿着。

第三节　职业社交场合形象造型设计

社交，即人的社会性交往活动和行为。社交场合是工作之余在公共场合和同事、商务伙伴友好地进行商务活动或者应酬的场合。社交场合中进行社交活动以信息的传播为主要方式，所以在社交场合中注重着装就显得更加重要。良好的社交形象能够顺利地传达个人信息，有利于商务活动的圆满完成。在社交场合中，一定要注重自己的形象，切忌穿得太随意，以免让别人觉得你个人能力不强。所以，良好的形象是成功交往的第一步。

设计服饰形象应提前全面了解社交活动的档次，以及对赴宴宾客的穿着要求，以确定选择穿着正式礼服还是让人感觉轻松随意的服装。还应了解主人的衣着品位、喜好以及参加活动的上级领导的可能穿着，避免喧宾夺主。

一、社交场合形象造型设计要点

1. 符合规范

社交场合的造型具有很强的规范性和较广泛的认同性。社交场合的形象是多样化的，设计的重点是根据出席的时间、出席的场合、出席者的身份结合自身的条件、特征来选择合适的服装（图9-15）。

图9-15

2. 符合时宜

社交场合穿着服装一定要符合时宜，视具体情况选择。如西方国家的服装分为礼服和便服，传统礼服又分为大礼服、晨礼服、长礼服、小礼服，不同的礼服适宜不同的场合（图9-16）。

图9-16

二、社交形象造型分类

1. 性感妩媚型

性感妩媚型形象是女性所特有的社交形象造型。与职业场合的女性相比，社交场合中性感妩媚的女性形象能够更好地展示女人的魅力，能够更加深入地吸引对方，从而给对方留下更加深刻的印象。在服装的款式上应表现出女性圆润的肩线、纤细的腰部、丰满的胸部、修长的腿部线条等身体曲线，塑造出女性妩媚、高贵的气质形象。

性感妩媚形象特征：

款式：大礼服、小礼服、紧身裙等。

颜色：以宝蓝色、红色、玫红色、黑色、紫色等色调为主。

面料：柔软光滑的丝绸、针织品、纯棉、雪纺绸、天鹅绒等。

饰品：设计精致的珠宝项链、玉石、手链等。

2. 浪漫优雅型

浪漫优雅型形象是指着装形象品位高雅、具有浪漫气息、富有诗意和梦幻般的形象（图9-17）。

造型形象带有柔和、梦幻的女人味，是这类风格容易给人的第一印象。服装款式以大礼服、小礼服、洋装、旗袍等裙式服装造型为主，设计中主要使用轻柔的面料搭配花形图案和水珠花纹。

男性造型形象款式承袭传统礼服造型，除了黑、白、灰、蓝，更多选择熟褐、酒红等暖色调。遵循T.P.O.原则。

图9-17

浪漫优雅形象特征：

款式：晚礼服、旗袍、洋装、燕尾服、大礼服、三件套、中山服等。

颜色：色调柔和的色彩，以中性色调为主。

面料：针织品、羊毛、丝绒、真丝、雪纺绸、纯棉、天鹅绒等。

饰品：精致耳饰、项链、手链、精致手提包、有亮点的鞋子。

3. 阳光俏丽型

阳光俏丽型形象是一种可爱又俏丽的女性形象。此类形象表达了女性活泼可爱、调皮乖巧的性格。服装款式多为连衣裙，也有卡通图案的T恤等。在造型上多搭配褶饰、花边、泡泡袖、蝴蝶结等。服装色彩上多选择明亮活泼的颜色，多为暖色系列，色彩柔和、时尚。局部造型装饰性强，常搭配小碎花来进行装饰。在饰品方面会搭配一些小耳钉、小耳环、串珠项链，起到画龙点睛的作用（图9-18）。

图9-18

阳光俏丽形象特征：

款式：泡泡袖、花边、荷叶边、褶皱。

颜色：以纯度高、色彩鲜亮的暖色系列为主。

面料：丝绸、纯棉、雪纺绸等。

饰品：串珠项链、小耳环、小耳钉、小手包等。

能力训练

结合自己的生活方式，根据相应场合（如设定求职面试、参加会议及与朋友开派对等场合）进行自我形象设计。

第十章

休闲形象造型设计

知识目标

1. 了解休闲形象造型设计要素。
2. 掌握休闲形象造型设计分类。

能力目标

学生能熟练对休闲场景中的人物进行整体形象造型设计。

休闲场合是指在工作之余一个人单独自处，或者在公共场合与其他不相识者共处时所在的场合。由于现代人们生活节奏的加快和工作压力的增大，人们希望在业余时间得到一种放松、休闲，反映在服饰观念上，便是越来越漠视习俗，不愿受潮流的约束，而乐于寻求一种舒适、自然的新型服饰着装。休闲形象造型表达了人们对生活的乐观态度及无限的热情，同时也表达了人们热爱大自然、喜欢自然随意的生活方式。

第一节　休闲形象造型设计要点

一、注重场合环境的对应性

休闲场合涉及面较广，因而造型形象应根据具体出席场合而有针对性地设计。最常见的休闲场合包括居家休息、健身运动、旅游观光、街市漫步、商场购物等。

家居服饰形象舒适、随和、温馨、自然。旅游时选择服装的原则是轻便、结实、耐磨、透气、易洗，应选用明朗活泼的色调来装扮。高度鲜艳的色泽，能够与大自然的景色相适宜，形象造型给人以轻松、自然、舒适之感。朋友聚会时服饰色彩宜明亮丰富，尽量考虑都市流行服饰，可以尽情展现自我风格（图10-1和图10-2）。

二、体现舒适自然的原则

休闲场合着装应当重点突出舒适自然的原则，设计要点为舒适、方便、自然、个性。休闲场合的着装主要有牛仔装、运动装、夹克装、T恤衫、短袖衫、短裙等。休闲服饰迅速崛起并备受消费者的青睐，在于它强调了对人及其生活的关心以及参与人们改造现代生活方式。休闲形象并非另一种生活方式，而是人们对久违了的淳朴自然风格的向往（图10-3）。

图10-1

图10-2

图10-3

第二节　休闲形象造型设计分类

一、青春时尚造型形象

青春时尚型服饰既能表现出年轻人的青春活力，同时又融合了流行的时尚元素。青春时尚造型既保留了年轻人内在的青春气息，又表现出他们渴望成熟的外在形象。在服装的选择上符合年轻人的审美，在搭配上总有一些亮点出现，表现出他们开朗活泼的性格。

在服装的颜色选择上，多选择一些明亮、对比度明显的鲜艳色彩；在服饰搭配中，可选择一些造型夸张的项链来提高整体服装的亮点。青春时尚是年轻人专有的一种美，是年轻人激情的一种表现，是一种真正的美，是一种年轻人特有的精神状态下的美（图10-4）。

图10-4

青春时尚造型形象特征：

款式：通常设计新颖，造型较为夸张，能塑造强烈的个性，喜用纯色、图案和花纹等流行元素。

颜色：明亮、对比度明显的色彩。

面料：纯棉、雪纺绸、牛仔、化纤面料等。

饰品：造型夸张的项链、吸引人眼球的特色装饰品等。

适宜场合：逛街、聚会、休闲活动场所。

二、休闲随意造型形象

休闲随意造型形象是指那些喜欢满足于服装的舒适性、随意性，表现出一种自在怡人的形象。在生活中有很多人会穿着休闲随意的服装，这类形象的人群不喜欢被拘束，休闲随意造型形象的设计主要是为表达出他们的随和性，使之能更好地和环境融合在一起（图10-5至图10-7）。

图10-5

图10-6

休闲随意造型形象特征：

款式：方格、条纹、具象花纹等。

颜色：无彩色系和有彩色系。

图10-7

面料：纯棉、雪纺绸、麻质面料等纯天然纤维。

饰品：设计简单的项链、手链、背包等。

适宜场合：观光、私人聚会、逛街。

三、活力运动造型形象

活力运动造型形象带给人们一种健康、乐观、积极、具有活力的印象，是将运动装作为休闲装或者将运动装改良，是在人类对运动和自身价值的新观念下产生的。这一形象首先给人的感觉就是充满朝气与活力，在运动中获得健康，在运动中感受青春。服装往往具有明显的功能性作用，以便在休闲运动中能够舒展自然，它以良好的自由度、功能性和运动感赢得了大众的青睐。服装款式上围绕简洁、舒适、随身等因素设计，适合人体运动，方便人体活动，符合人体穿着需要。这类服装主要有背心、短裤、短袖T恤、运动鞋、拉链上衣等（图10-8至图10-10）。

图10-8

图10-9

活力运动造型形象特征：

款式：纯色、字母图案、具象花纹。

颜色：色彩丰富、色彩饱和度高。

面料：纯棉、莱卡棉、氨纶、腈纶等。

饰品：鸭舌帽、运动手表、运动鞋、运动背包等。

适宜场合：旅游、健身、日常休闲运动。

图10-10

四、时尚创意造型形象

时尚创意造型形象是指穿着时尚、服装搭配富有创意的形象，是以都市化感性和高科技氛围为中心，富有探索进取心的干练形象。这类形象将新颖奇妙的设计升华为时尚风格来表现。其设计具有一定的超前性，富有个性和憧憬未来之感。在服装搭配上打破常规，习惯于把各种有特点的服装与配饰结合在一起。在色彩的选择上，偏向有强烈对比效果的配色，使得整体造型在变化中又有统一（图10-11）。

图10-11

时尚创意造型形象特征：

款式：款式丰富，剪裁精良，富有个性。

颜色：色彩鲜艳、配色丰富。

面料：混纺、雪纺绸、羽毛、纯棉等。

饰品：环形耳环、腰带、围巾、手包等。

适宜场合：工作之余的休闲娱乐场所。

五、前卫叛逆造型形象

前卫叛逆造型形象是一种具有超前意识或出格行为的形象，它异于主流社会规范的群体或派别形象。它象征现代人的生活态度和审美观念，在服装形态、色彩、设计等方面超越常规，且带有实验性，只有少数人喜欢。

前卫叛逆造型形象并非是某种特别款式的服装形象，它实际上是由各种现成的服装、饰品所营造的着装风格，其手法多为分解、破坏，然后组合拼装，而灵感则多来自对神秘文化、异教文化的崇拜，对现代文明秩序的嘲弄，以及对性别概念的刻意模糊。五彩头发、黑色皮衣、各色钉鞋、巨型拉链、闪光的铁链、流苏奖章、弹力面料、喷绘、撕扯、穿洞、扣环，并常和震耳欲聋的流行音乐配合出现，追求强烈的视听震撼（图10-12和图10-13）。

前卫叛逆造型形象特征：

款式：部分裸露、拼缝、剪裁等。

颜色：色彩鲜艳、配色多种多样。

面料：皮革、毛绒、纺纱、呢子等。

饰品：造型夸张的耳钉、唇环、脐环，款式夸张的鞋子等。

适宜场合：酒吧、娱乐场所、主题Party。

图10-12

图10-13

能力训练

根据自己的气质风格类型，设计一款休闲形象造型，并绘制出搭配效果图。

第十一章

创意形象造型设计

知识目标

1. 掌握创意形象造型设计要点及步骤。
2. 掌握创意形象造型设计分类。

能力目标

学生能根据人物真实气质、风格、类型、特点设计创意形象造型。

创意形象造型设计是针对某一设计和创作的主题，运用创造性的思维、艺术表现手法，通过对人物形象的强化和包装，准确地再现和传达这一主题的信息，以达到突出和升华该主题的人物形象设计。创意形象造型设计与选用的造型元素是分不开的，无论设计得简单还是复杂，都应该突出主题，将寻常的服装、饰品、发型经过细节的点缀、创意的处理，变幻出具有时尚感和视觉冲击力的创意造型，以强化造型的主题概念（图11-1）。

创意形象造型设计的特点是把握特定人物形象中的个性化品格，将其中的内涵本质进行外在的视觉化包装，通过内在意蕴与外在形式的融合，来表现作品的感染力，以完成主题的要求。

图11-1

第一节　创意形象造型设计要点及步骤

一、创意形象造型设计要点

创意形象造型设计是在做人物的形象设计时围绕一个明确的主题进行人物形象定位，围绕主题展开丰富的想象，结合主题元素进行的设计。这就要求设计者事先必须有明确的主题定位，围绕主题进行联想并且丰富各个元素，结合形象设计的要素完成最终的形象设计。切忌只凭借主观想象随意把想到的东西添加到创意形象设计中（图11-2）。

图11-2

创意形象的完成一定是在大量的调研和实践中，按照美学的法则进行的创意形象制作。一个好的创意形象一定是符合美学要求，有自己的创新、创意之处的。每一件作品的完成都包括对人的形体条件、妆面的技法表现、服装款式的形式表现以及配件、饰品等各个方面进行设计。

二、创意形象造型设计步骤

在创意形象造型设计过程中，整体与局部的协调关系是重要的设计因素。表现形式大致可以分为从整体到局部和从局部到整体两大部分。其具体的工作包括以下阶段：

1. 准备阶段

形象造型设计准备阶段是进行创意设计的基础。不同的人有不同的设计要求，同一个人在不同的社会角色和背景下也有不同的需求，只有对设计对象有充分的了解，才可以在设计过程中做到心中有数。前面提到的“T.P.O.”即是观察调研的主要内容（图11-3）。

2. 构思阶段

形象造型设计构思阶段包括构想的初步阶段、逐步完善阶段和构思加工完美阶段，具体步骤如下：

（1）选择设计题材。形象造型设计题材选择的重点是能着重展现人的外貌、性格、气质等（图11-4）。

图11-3

图11-4

（2）确定设计主题。设计主题是形象造型设计的核心。在设计构思中，最重要的就是确定设计主题。确定设计主题一定要有明确的中心，并对主题进行提炼，不能满盘皆“抓”（图11-5）。

（3）构建整体框架。整体形象造型设计应该有完整、和谐、统一的设计框架，体现对人体的整体包装，包括发型、化妆、服饰、体态等（图11-6）。

3. 具体表现阶段

具体表现阶段包括材料准备和最终完成两个阶段。材料的准备相当重要，不同材料的应用会带来不同的效果。材料准备的过程也是产生新的创意思维的过程。在创意形象造型设计过程中还应注意以下几个方面：

图11-5

图11-6

（1）选择与主题相吻合的服饰。服饰是烘托人物形象和气氛的重要因素。不同时代、不同民族、不同种族以及不同主题风格的服饰都具有不同的艺术特质。所以，只有选择相应的服饰才能鲜明地突出主题（图11-7）。

图11-7

（2）化妆造型也要符合主题的要求。可按T.P.O.原则化符合时代造型特点的妆容，也可以采用打破常规的方法演绎主题，只要有助于主题设计的表现，可不局限于有限的想象空间（图11-8）。

图11-8

（3）细节处理要到位。细节处理主要包括服饰的应用和搭配以及道具氛围、化妆、发型等的处理，这些都应该做到尽善尽美，否则可能会影响整个设计，使整体设计达不到要求（图11-9）。

图11-9

第二节　创意形象造型设计分类

一、装饰形象创意设计

装饰形象创意设计就是充分利用装饰图案、装饰物所进行的形象创意设计。进行设计时，同样要有一个明确的主题，围绕主题进行联想与创意发挥，不能简单地运用各种装饰部件进行组合。装饰艺术是人类社会最普遍的艺术形式，它不是一种纯艺术现象，它首先是人类为生存而进行造物的创造性活动。无论是在哪一个年代、哪一个地方，装饰艺术往往都能体现该时代的文化和艺术水平。在设计上，它与现代设计的风格也有着惊人的一致性，因此，装饰艺术是现代设计创作灵感的宝贵源泉（图11-10）。

图11-10

在传统的装饰形象中，以身体裸露为美的原始部落居民非常重视对身体各部分的装饰。如文身、绘身、彩面以及佩戴耳、鼻、唇饰等多种多样的装扮形式，均被他们作为装饰身体的理想形式，并将这种形式视为民族的象征和美的标志。除此以外，他们还运用一些如扣子、亮片等能达到装饰效果的材料，按照一定的美的形式进行设计和制作，来完成装饰形象的主题。现代的装饰类创意形象沿袭了传统的装饰艺术。设计师利用现代生活中丰富多样的装饰材料进行创意制作，大大丰富了现代装饰类艺术形象（图11-11）。

设计目的：继承传统的装饰艺术，并且利用现代生活中丰富多样的装饰材料进行创意制作，丰富现代装饰类艺术形象。

设计要点：按照一定的美的形式进行设计和制作，用这些现代的方式和制作方法来完成装饰类形象主题的设计。

二、民族形象创意设计

民族形象创意设计就是针对各个民族人们的形象特征，对服装、配饰、习俗文化进行深入了解，并进行表现文化的综合设计。在进行创意设计时，保留了该民族的文化特征，结合了该民族的流行元素。

图11-11

在进行民族形象创意设计的过程中，要针对该民族特殊设计要点，充分开发传统文化资源，把设计要点融合在整体的人物形象创意设计中，创造出具有浓厚历史沉淀的作品（图11-12）。

图11-12

进行民族形象创意设计时不能简单地模仿该民族的服装配饰外形，而要把该民族中服饰或配饰所包含的元素结合现代技术进行创意制作。民族风格借助形象设计特有的表现方法，通过某一种颜色、某一块面料等，来诠释民族性造型艺术的精髓。设计师可以通过该民族的音乐、面料甚至宗教特征等诸多具有民族特色的素材，进行独到的创意设计，更重要的是要表现民族元素的现代价值。时代的影响使民族风格中融入了新的元素，所以，民族风格也是顺应时代的发展而不断变化的（图11-13）。

图11-13

设计目的：针对各个民族人们的形象特征从服装、配饰、习俗文化方面进行深入的了解，进而表现民族元素的现代价值。

设计要点：民族风格借助形象设计特有的表现方法，通过某一种颜色、某一块面料等，来诠释民族性造型艺术的精髓。

三、复古形象创意设计

复古形象创意设计是指人物形象的设计参照了历代人物形象的服饰、装饰、纹样、化妆等元素，设计中运用了一些古典风格的图案进行装饰，并根据现代设计的特点，重新塑造人物造型，体现出古典韵味的一种设计方法（图11-14）。

图11-14

在复古形象创意设计中，要求设计者了解各个时代的人文背景、习俗、宗教文化、社交礼仪等，并通过该时期的形象特点进行设计。在创意的过程中首先要保留该时期的典型形象特质，其次进行创意发挥，最终完成的形象设计不仅能够体现出复古时期的特点，而且能传递出现代创新意识（图11-15）。例如，以唐代女性形象作为设计素材，设计妆容时可利用唐代女性妆容中流行的蛾眉元素，在发型设计上运用唐代流行的高髻，服装元素设计时利用唐代的广袖、披帛等造型元素。在具体设计时，设计者应把握这些明显的设计点进行创意发挥，最终设计出完美的复古创意形象。

图11-15

设计目的：运用古典元素进行装饰设计，根据现代人物形象设计的特点，重新塑造人物造型，体现古典韵味。

设计要点：在创意的过程中首先要保留复古时期的形象特征，其次进行创意发挥，最终完成的形象不仅要能体现出复古的时代特点，而且能传递出现代创新意识。

四、仿生形象创意设计

仿生形象创意设计包括植物、动物、建筑等具象的形象创作。仿生设计是指设计师通过感受大自然中的动物、植物的优美形态，运用仿生学手段创造性地进行人物造型设计（图11-16至图11-18）。

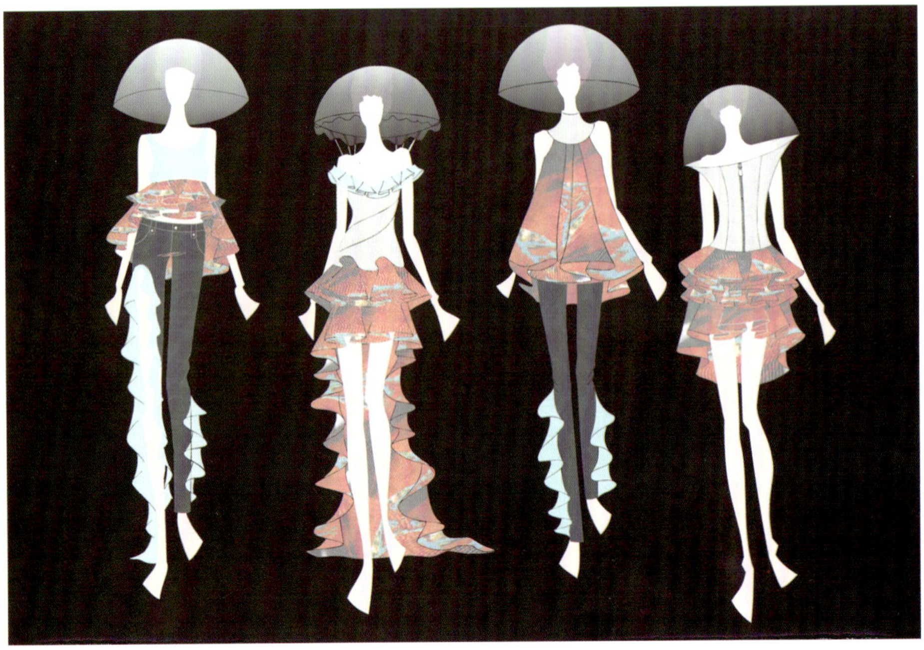

图11-16

图11-17

图11-18

仿生设计法在人物形象设计中的应用主要有人物整体造型仿生、植物形态造型仿生、人物局部造型仿生、植物的纹理仿生等。通过视觉上的色彩、触觉上的质感以及各种形态的变化，能够表达仿生形象的思想。

设计目的：分析植物、动物、建筑等外观形象和内部结构，进行仿生形象设计。

设计要点：通过化妆技法、服装配饰、道具、场景设计等元素间的相互优化、协调和重组，最终通过人体表达出逼真的仿生创意形象。

能力训练

根据“青春梦”主题，设计一系列创意女装（3套）造型，并绘制效果图。

参考文献

[1] 包于珊. 化妆品学［M］. 北京：中国纺织出版社，1998.

[2] 齐德金. 服饰形象设计原理实例精解［M］. 北京：中国纺织出版社，2000.

[3] 顾筱君. 21世纪形象设计教程［M］. 北京：机械工业出版社，2005.

[4] 柏玉华，刘长权. 形象设计基础教程［M］. 南昌：江西科学技术出版社，2004.

[5] 周生力. 形象设计概论［M］. 北京：化学工业出版社，2008.

[6] 孔德明. 形象设计［M］. 郑州：河南科学技术出版社，1999.

[7] 姜勇清. 美容与造型［M］. 第2版. 北京：高等教育出版社，2010.

[8] 庞玉玲. 现代美容化妆大全［M］. 南宁：广西民族出版社，2000.